安洋 编著

VOGUE
BRIDE
HAIRSTYLE

至臻至美
风尚新娘造型宝典

人民邮电出版社

北 京

图书在版编目（ＣＩＰ）数据

至臻至美：风尚新娘造型宝典 / 安洋编著. —— 北
京：人民邮电出版社，2016.5
　ISBN 978-7-115-41903-3

　Ⅰ．①至… Ⅱ．①安… Ⅲ．①女性－化妆－造型设计
Ⅳ．①TS974.1

　中国版本图书馆CIP数据核字(2016)第060461号

内 容 提 要

　　新娘的气质各不相同，所适合的发型也应该有所变化。本书将新娘发型分为浪漫唯美新娘发型、甜美可爱新娘发型、端庄高贵新娘发型、优雅大气新娘发型、复古风潮新娘发型和时尚简约新娘发型 6 种类型加以介绍。饰品对发型风格的形成有着重要的影响，因此在每种风格的新娘发型中都介绍了头饰、耳饰、项链的选择。全书精选 89 个案例，有详细的步骤分解和全方位的效果图展示，读者既可以跟着书中的案例一步步操作，也可以举一反三，创作更多的发型样式。

　　本书适用于新娘跟妆师和影楼发型师，同时可作为相关培训学校的教材。

◆ 编　　著　安　洋
　　责任编辑　赵　迟
　　责任印制　陈　犇

◆ 人民邮电出版社出版发行　　北京市丰台区成寿寺路 11 号
　　邮编　100164　　电子邮件　315@ptpress.com.cn
　　网址　http://www.ptpress.com.cn
　　北京盛通印刷股份有限公司印刷

◆ 开本：889×1194　1/16
　　印张：15
　　字数：543 千字　　　　　　　　2016 年 5 月第 1 版
　　印数：1 - 2 800 册　　　　　　 2016 年 5 月北京第 1 次印刷

定价：98.00 元
读者服务热线：(010)81055410　印装质量热线：(010)81055316
反盗版热线：(010)81055315
广告经营许可证：京东工商广字第 8052 号

前言

在专业化妆造型领域，新娘化妆造型所面对的受众群体最为广泛，从事新娘化妆造型的化妆师也最多。新娘化妆造型师要面对各种各样的客户，需要用心设计符合新娘个人气质的妆容造型。新娘造型相对于妆容来说更难处理，订单能否成功，很大程度上取决于造型能否被客户认可。而决定造型的因素很多，首先要观察新娘头发的长短、发质、发色等情况，以此来确定造型的基本操作方式；另外造型的感觉要与妆容相互吻合，能够合理搭配，呈现较为完美的效果。当然，做到这些还远远不够，不可忽略的还有头饰、耳饰、项链等配饰的选择，选择合适的配饰可以起到画龙点睛的作用，使整体感觉更加完美。饰品因为材质、款式等不同，本身就具备不同的风格，与造型及妆容正确搭配会使整体的风格更为强烈，所以提高饰品的搭配能力对于新娘化妆造型师也是非常重要的。

一般我们会对新娘造型做若干分类，比较常见的有浪漫唯美、甜美可爱、端庄高贵、优雅大气、复古风潮、时尚简约等风格。需要注意的是，很多种风格并不是孤立存在的，例如，甜美可爱的造型可能同时具有浪漫唯美的风格，只是所佩戴的饰品或搭配的妆容使之更加偏向于甜美可爱的风格。

本书对每种造型风格做了大量的案例分解，对每个案例做了多角度的具体展示，并且在每种造型风格的开篇对相应的造型风格做了具体概述，对造型的表现形式、头饰的选择、项链及耳饰的选择做了具体的分析，使读者在学习造型案例的同时在理论上有更深的了解，对饰品搭配的方式更加明确。理论讲解与实战讲解相互结合，才能使读者得到更好的学习效果。

感谢参与本书写作的每一位模特，有很多模特已经成为我的朋友，与我一直保持很好的合作，谢谢你们对我的图书出版工作一如既往的支持。最后感谢人民邮电出版社的编辑赵迟老师，从开始出版图书到现在，已经有近 30 本著作在我们的通力合作下完成，感谢你这一路走来对我的支持与帮助。

安洋

2016.2

浪漫唯美新娘发型

浪漫唯美风格新娘造型概述 / 014
浪漫唯美风格新娘造型的基本表现形式 / 014
浪漫唯美风格新娘造型的头饰选择 / 014
浪漫唯美风格新娘造型的耳饰、项链选择 / 015

甜美可爱新娘发型

甜美可爱风格新娘造型概述 / 056

甜美可爱风格新娘造型的基本表现形式 / 056

甜美可爱风格新娘造型的头饰选择 / 056

甜美可爱风格新娘造型的耳饰、项链选择 / 057

058

062

066

068

070

072

074

076

078

080

端庄高贵新娘发型

端庄高贵风格新娘造型概述 / 084
端庄高贵风格新娘造型的基本表现形式 / 084
端庄高贵风格新娘造型的头饰选择 / 084
端庄高贵风格新娘造型的耳饰、项链选择 / 085

086
088
090
092
094
098
100
104
106
108
110
112
114
116
118
120

优雅大气新娘发型

优雅大气风格新娘造型概述 / 124

优雅大气风格新娘造型的基本表现形式 / 124

优雅大气风格新娘造型的头饰选择 / 124

优雅大气风格新娘造型的耳饰、项链选择 / 125

复古风潮新娘发型

复古风潮新娘造型概述 / 164

复古风潮新娘造型的基本表现形式 / 164

复古风潮新娘造型的头饰选择 / 164

复古风潮新娘造型的耳饰、项链选择 / 165

时尚简约新娘发型

时尚简约风格新娘造型概述 / 204

时尚简约风格新娘造型的基本表现形式 / 204

时尚简约风格新娘造型的头饰选择 / 204

时尚简约风格新娘造型的耳饰、项链选择 / 205

206

208

210

212

214

216

218

220

222

224

226

228

230

232

234

浪漫唯美新娘发型

浪漫唯美风格新娘造型概述

我们首先从浪漫唯美这个词汇中来初探一下这种类型的新娘造型所呈现的感觉。浪漫，一定是随性、不刻板的，过于光滑的发丝的表现形式可以是复古的、高贵的、优雅的，但绝对不是浪漫的。唯美，从佩戴饰品的角度去分析，唯美感觉的饰品给我们的感觉是质感柔软的、表现形式灵动的、精巧的。下面我们来细致分析一下浪漫唯美风格新娘造型各方面的因素，以便我们在处理造型时找到更准确的定位。

浪漫唯美风格新娘造型的基本表现形式

这里所指的造型基础是利用头发完成的造型结构，一款造型不单单是利用头发来表现，还需要头饰、耳饰、项链及妆容的搭配来完成整体的效果。在造型基础环节中，浪漫唯美风格新娘造型的发丝处理一般会具有一定的蓬松感、层次感，不会将头发盘得过于高耸，即便是上盘式的造型，也会建立在自然、有层次的基础上。所使用的造型手法以编发、打卷、倒梳居多。不管是使用哪一种手法，都不会将头发处理得过于光滑，而是要体现一种灵动感。要多利用电卷棒烫卷的发丝纹理来辅助完成造型。在某些造型中，适当保留一些垂落的发丝会增加造型的浪漫气息。

浪漫唯美风格新娘造型的头饰选择

我们首先从质感上来分析浪漫唯美新娘造型的头饰，该种造型的头饰质感是比较柔和的。都有哪些饰品可以用于浪漫唯美风格新娘造型中呢？

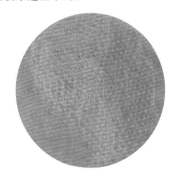

网纱饰品

网纱镂空的设计会冲淡生硬感，增加层次感和空间感，所以在很多饰品上会搭配网纱。网纱也可以单独作为饰品装饰造型。

发带、发卡饰品

有些饰品本身质感并不柔和，但换一种表现形式就会柔和很多。发带和发卡饰品搭配在造型上很容易形成浪漫唯美的感觉，同时还具有可爱感。

珍珠饰品

珍珠柔和的光泽和质感会给人恬淡柔美的感觉，珍珠饰品一般会作为插珠，也可搭配在其他材质中制作成饰品。相对于全水钻饰品，水钻与珍珠搭配的饰品会显得更加柔和。

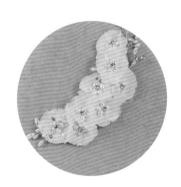

花材饰品

花材饰品分很多种，绢花、鲜花、永生花、布艺花、塑胶花等花材饰品都可以用在浪漫唯美风格的新娘造型中。大多数花材饰品都具有浪漫唯美的感觉，这主要和人的心理有很大关系。因为花总是给人很多美丽的遐想，所以用花材饰品点缀造型会带给人浪漫唯美的感受。

蕾丝饰品

蕾丝的设计感和材质都具有柔和的特点，蕾丝质地的饰品会给人柔软、温馨的感觉，用在浪漫唯美风格的新娘造型中会增添造型的梦幻感觉。

浪漫唯美风格新娘造型的耳饰、项链选择

　　耳饰和项链是造型的点睛之笔，选择合适的耳饰和项链会烘托造型的美感，提升造型的档次；而选择错误的耳饰和项链则会产生反作用。那么浪漫唯美风格的新娘造型适合选择什么样的耳饰和项链呢？

花形项链

花形项链是指链子上有很多花朵装饰的项链。选择这种项链的时候可以选择稍微夸张些的款式，主要是为了使项链的视觉效果与造型相互呼应。

珍珠耳饰

用精巧的珍珠小耳饰进行点缀，会增添造型的柔和感，使造型的唯美浪漫感觉得到更好的体现。

宝石耳饰

选择宝石耳饰来点缀浪漫唯美风格的新娘造型时，注意不要选择饱和度过高、过于冷艳的颜色，要选择色彩柔和并且较为小巧精致的宝石耳饰。

花形耳饰

花形耳饰是指饰品采用花瓣、花朵形状的设计，质感各不相同。一般浪漫唯美风格的新娘造型会搭配较为精致小巧或线条感流畅的花形耳饰。

彩钻耳饰

彩钻耳饰是指用彩色的水钻制作而成的耳饰。彩钻的质感相对于白钻会柔和很多，也更能体现柔美感。

浪漫唯美新娘发型

01

造型难点解读

后发区位置的编发不但要形成饱满的造型轮廓，同时要修饰到饰品两端的固定点，使造型前后衔接更加自然。

01 在左侧发区取两片头发，以两股辫的形式向后发区方向进行编发。

02 将编好的头发在后发区位置固定。

03 在右侧发区取两片头发，用两股辫的形式向后发区位置进行编发。

04 将编好的头发在后发区位置固定。

05 在头顶位置佩戴饰品，装饰造型。

06 在后发区右侧取头发，进行三股辫编发。

07 将编好的头发向造型右侧打卷。

08 将打卷好的头发固定牢固。

09 在后发区左侧取头发，进行三股辫编发。

10 将编好的头发向上提拉，打卷并固定。

11 将后发区剩余的头发扭转。

12 将拧转的头发向左上方提拉并固定。造型完成。

浪漫唯美新娘发型

02

造型难点解读

后发区位置最后向上收拢的头发使造型整个
后发区轮廓更加饱满，注意不要收得过紧，
也不要过松，而是要松紧适度。

01 用三股辫连编的手法对刘海区的头发编发。

02 边编发边带入右侧发区的头发，注意调整辫子的角度。

03 将编好的头发向上提拉，打卷并固定。

04 将左侧发区的头发用三股辫连编的手法编发。

05 边编发边带入后发区的头发。

06 将编好的头发向上提拉并打卷，将其在顶区位置固定。

07 将后发区位置剩余的头发编成鱼骨辫。

08 将编好的头发向上提拉并打卷。

09 将打卷好的头发在顶区位置固定。

10 在头顶位置佩戴饰品，装饰造型。

11 将预留的发丝在造型左侧收起并固定，注意调整发丝的层次。

12 调整头发与饰品之间的层次，使饰品与造型的搭配更加自然。

浪漫唯美新娘发型

03

造型难点解读

整体造型呈现饱满大气的感觉，顶区的头发
在使造型饱满的同时要具有一定的层次感，
这样可以使之与花材饰品的搭配更加自然。

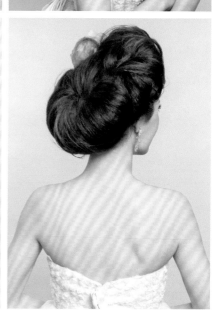

 01

在造型右侧佩戴花朵饰品，装饰造型。

 02

调整刘海区的头发的层次，将其隆起并固定。

 03

调整右侧发区的头发的层次，将其隆起并固定。

 04

将后发区右侧的头发向上提拉并打卷。

 05

将打卷好的头发固定，注意后发区位置的造型轮廓的饱满度。

 06

继续从后发区左侧取头发，向上打卷。

 07

将打卷好的头发固定。

 08

将左侧发区的头发打卷，将打卷好的头发向上提拉，向前推并固定。

浪漫唯美新娘发型

04

造型难点解读

饰品的佩戴往往是最容易被忽略的一个环节，
往往能够影响到造型给人的美感。此款造型
虽然饰品佩戴较多，但是主题明确，质感统一，
所以不会有乱的感觉。

01 将刘海区的头发向造型右侧用三股一边带的手法进行编发。

02 用三股辫编发的手法进行收尾。

03 将编好的头发打卷并固定。

04 取辫子下方的头发，扭转后在后发区位置固定。

05 继续在下方取头发并扭转。

06 将扭转好的头发在后发区位置固定。

07 将左侧发区的部分头发向后发区扭转并固定。

08 继续将左侧发区的头发向后发区扭转并固定。

09 将后发区剩余的头发用三股辫编发的手法自然地编在一起。

10 将编好的头发进行收尾并固定。

11 在造型左侧佩戴饰品，装饰造型。

12 在造型右侧佩戴饰品，装饰造型。在后发区位置佩戴饰品，装饰造型。

浪漫唯美新娘发型

05

造型难点解读

在将后发区的头发分片固定时要注意层次感的塑造，如果失去了层次感，造型会显得老气，美感也会大大降低。层次感增加了造型的浪漫唯美感觉。

将部分刘海区的碎发用发卡固定。

固定之后分出部分刘海区的头发，向下扣卷。

将扣卷好的头发固定后继续分出头发，向下扣卷。

将扣卷之后剩余的发尾向上打卷并固定。

05

将顶区的头发在后发区位置扭转并固定。

在后发区右侧取头发，扭转并固定。

07

将左侧发区的头发在后发区位置扭转并固定。

将固定之后剩余的发尾在后发区位置整理出层次，然后固定。

从后发区位置取头发，向上提拉，打卷并固定。

继续从后发区位置取头发并向上固定，注意使头发呈自然的蓬松感。

在后发区右侧取头发，向上扭转，打卷并固定。

将剩余的头发继续分片向上固定，适当保留一些头发，用于收尾。

调整固定之后的头发的层次。

将剩余的头发从后发区左侧向右侧收拢。

将收拢好的头发在后发区位置固定。

在头顶位置佩戴饰品，对造型进行装饰。在后发区位置佩戴插珠，点缀造型。造型完成。

浪漫唯美新娘发型

06

造型难点解读

两侧保留的发丝使造型更加唯美浪漫。注意
发丝的卷度及垂落的方式要自然，不要过于
生硬刻意。

01 在两侧发区取少量发丝，进行烫卷。

02 将刘海区的头发向上扭转并固定。

03 在右侧发区分出部分头发，向上扭转并固定。

04 继续将右侧发区剩余的头发向上扭转并固定。

05 将左侧发区的头发向后发区方向提拉，扭转并固定。

06 将后发区右侧的部分头发向后发区方向扭转并固定。

07 用发卡将后发区两侧的头发收拢并固定。

08 将后发区位置的头发用三股辫连编的形式收拢。

09 将收拢好的头发用发卡固定。

10 在头顶左侧佩戴饰品，装饰造型。

11 在后发区位置佩戴饰品，装饰造型并隐藏发卡。

12 造型完成。

浪漫唯美新娘发型

07

造型难点解读

注意刘海区层次感的塑造，不要将头发梳理得过于光滑。另外要注意的是后发区造型结构之间的衔接，可以用饰品点缀，使造型结构之间的过渡更加自然。

01 将刘海区及两侧发区的头发向上提拉并倒梳。

02 将倒梳好的头发用尖尾梳调整出层次。

03 调整好层次后将头发固定，注意造型轮廓的饱满度。

04 从顶区位置取头发，向后发区位置进行三股辫连编。

05 继续向下进行编发并将头发适当收拢。

06 将收拢好的头发用皮筋固定。

07 分出部分头发，向造型左右两侧分别摆出弧度并固定。

08 继续取一片头发，向上打卷，摆出弧度并固定。

09 用同样方式继续取一片头发并固定。

10 在头顶位置佩戴饰品，装饰造型。

11 在后发区位置佩戴饰品，装饰造型。

12 造型完成。

浪漫唯美新娘发型

08

造型难点解读

在将两侧发区的头发编发的时候要松紧适度，
这样不但可以使造型更加唯美，同时还能起
到适当修饰脸形的作用。

01 将顶区的头发向上提拉并倒梳。

02 将倒梳好的头发表面梳理得光滑干净。

03 将顶区的头发在后发区位置扭转并固定。

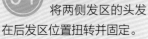

04 将两侧发区的头发在后发区位置扭转并固定。

05 将左侧发区的头发向上提拉，打卷并固定。

06 将右侧发区的头发向上提拉并打卷。

07 将打卷好的头发在后发区位置固定。

08 在后发区左侧下方取头发，向上提拉，打卷并固定。

09 从后发区右侧取头发，向左上方提拉并打卷。

10 继续分出头发，在后发区下方向上提拉并打卷。

11 从剩余的头发中分出一片，向造型右侧打卷并固定。

12 将后发区剩余的头发向造型左侧提拉并打卷。

13 将打好的卷固定，并对后发区的造型轮廓进行调整。

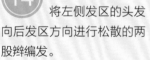

14 将左侧发区的头发向后发区方向进行松散的两股辫编发。

15 将编好的头发在后发区左侧固定。

16 将右侧发区的头发进行松散的两股辫编发。

17 边编发边调整角度。

18 将编好的头发扭转后在后发区右侧固定。

19 将固定后剩余的发尾在后发区位置收拢并固定。

20 在头顶位置佩戴饰品，装饰造型。

♥ ♥ ♥

浪漫唯美新娘发型

09

造型难点解读

此款造型的头发处理得较为干净，通过饰品塑造造型的浪漫唯美感觉。需要注意的是饰品与造型结构之间的衔接，造型结构要与饰品之间相互协调，使整体造型更加饱满。

01 在头顶右侧佩戴饰品，装饰造型。

02 佩戴蝴蝶结饰品，进行装饰。

03 固定网纱并适当对额头位置进行遮挡。

04 将左侧发区的头发用三股一边带的手法向后发区方向进行编发。

05 继续向后发区方向编发，边编发边带入后发区的头发。

06 将后发区的头发向上打卷并固定。

07 将剩余的头发从后向前扭转。

08 将扭转好的头发在造型右侧打卷并固定。

浪漫唯美新娘发型

10

造型难点解读

此款造型主要是将两侧作为重点。后发区虽
然不是造型的重点，也要具有一定的美感，
所以打卷的时候要注意造型结构之间的衔接。

01 在造型右侧佩戴花朵饰品。

02 取左侧发区的部分头发，向后发区方向扭转。

03 将刘海区的头发顺应头发的卷度固定。

04 将顶区位置的头发向左侧调整出层次并固定。

05 将后发区的部分头发在造型左侧向上打卷。

06 将打卷好的头发在后发区左侧固定。

07 继续在后发区右侧分出一片头发并打卷。

08 将打卷好的头发在后发区右侧固定。

09 将后发区剩余的头发打卷。

10 将打卷好的头发在后发区位置固定。

浪漫唯美新娘发型

11

造型难点解读

整体造型不要处理得过于光滑，两侧刘海区位置垂落的头发要自然，使其呈现随意的感觉，这样造型会更加浪漫唯美。

01 在头顶位置佩戴饰品，装饰造型。

02 在顶区位置分出三片头发，相互叠加。

03 继续向下进行三股辫连编。

04 将三股辫连编编发收尾并固定牢固。

05 在后发区位置分出一片头发，向上打卷。

06 继续分出一片头发，向上打卷。

07 将后发区位置剩余的头发按烫卷的弧度和纹理整理自然。

08 将右侧发区的头发整理出层次后细致地固定。

09 将左侧发区的头发调整出层次并固定。

10 在后发区位置佩戴蝴蝶结饰品，装饰造型。

11 在后发区位置佩戴插珠饰品，点缀造型。

12 继续在后发区佩戴较小的蝴蝶结饰品，装饰造型。造型完成。

浪漫唯美新娘发型

12

造型难点解读

在烫卷的时候要注意头发的角度，使每一片卷发能自然衔接，最终在后发区位置形成整体的造型轮廓。

01 有尖尾梳分出刘海区的头发。

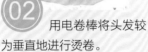

02 用电卷棒将头发较为垂直地进行烫卷。

03 将右侧发区的头发分出一片,向后扭转并固定。

04 继续将右侧发区剩余的头发向后扭转并固定。

05 将左侧发区的头发向后扭转并固定。

06 继续将左侧发区剩余的头发向后扭转并固定。

07 将顶区及部分后发区的头发收于一点并固定。

08 将网纱覆盖于头顶并在两侧发区位置固定。

09 在前发际线位置佩戴花朵、珍珠及网纱饰品,装饰造型。

10 将网纱两端在后发区位置固定。

11 将网纱在后发区位置抓出蝴蝶结形状并固定。

12 在网纱基础上佩戴蝴蝶结饰品,进行装饰。

浪漫唯美新娘发型

13

造型难点解读

将非常短的头发固定并保留发尾来塑造造型
的层次感，用饰品来修饰造型的缺陷部位，
使整体造型更加饱满。

01 将刘海区的头发收拢并用发卡固定。

02 从固定好的头发中分出部分头发，向前固定并用尖尾梳挑出层次。

03 用尖尾梳将部分头发倒梳，使层次感更加丰富。

04 继续从后发区位置取头发，向上翻卷并固定。

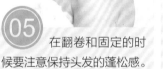

05 在翻卷和固定的时候要注意保持头发的蓬松感。

06 从造型右侧继续取头发，从后向前翻卷并固定。

07 从后发区剩余的头发中分出部分头发，向上扭转并固定。

08 将后发区位置剩余的头发提拉并倒梳。

09 将倒梳好的头发向上扭转并固定。

10 将发网整理出发带效果，由后向前固定。

11 佩戴饰品，对造型进行装饰。

12 造型完成。

浪漫唯美新娘发型

14

造型难点解读

将真假发相互结合，增加发量并丰富造型感。要注意的是假发片要穿插于真发之间，真假发的衔接要自然。如果真假发发色一致，效果会更加理想。

01 将刘海区的头发进行旋转。

02 旋转之后调整发丝的层次，使其呈现饱满的轮廓。

03 将左侧发区的头发向上提拉，扭转并固定。

04 将右侧发区的头发向上提拉，扭转并固定。

05 对固定之后的头发的层次做出调整。

06 在后发区位置佩戴假发片。

07 在间隔一些头发的位置继续佩戴假发片。

08 在顶区位置佩戴假发片。

 用后发区位置的部分头发对顶区假发片的固定位置进行遮挡。

 继续向上扭转并固定后发区位置的头发。

 将后发区位置剩余的头发向顶区方向扭转并固定。

 调整顶区位置的假发片的层次，打卷并固定。

 继续向上提拉一片假发片，打卷并固定，对固定之后的层次做出调整。

 将剩余的假发片向上提拉，打卷并固定，并对其层次做出调整。

 在额头位置佩戴饰品，装饰造型。

 在后发区位置佩戴饰品，装饰造型。

浪漫唯美新娘发型

15

造型难点解读

先佩戴饰品，然后用刘海区及两侧发区的发丝对饰品进行修饰，这样的操作方式可以使造型的层次感更加丰富，饰品与造型之间的衔接更加完美。

 在头顶位置佩戴饰品，装饰造型。

 调整发丝的层次，对饰品进行适当的遮挡。

 将后发区位置的部分头发向上翻卷并固定。

 将顶区位置的头发向前打卷，调整出层次并固定。

 将右侧发区的头发向上提拉，扭转并固定。

 从后发区位置分出一片头发，向上固定。

 用尖尾梳倒梳，将固定好的头发调整出层次。将后发区位置剩余的头发继续分片向上固定并调整层次。

 将饰品上的发带在后发区位置系出蝴蝶结的效果。

浪漫唯美新娘发型

16

造型难点解读

直接用假发来完成新娘造型并不是常见的做
法，但用假发做支撑还是会起到很好的效果。
此款造型用牛角假发做支撑以增加造型高度，
使造型效果达到最佳。

在头顶位置固定牛角假发。

将刘海区的头发向后烫卷并覆盖于假发之上。

在头顶位置佩戴饰品，装饰造型。

用尖尾梳调整假发的层次，使其更加蓬松饱满。

将左侧发区的头发向上收拢并用尖尾梳对其层次做调整。

将右侧发区的头发向上提拉并用尖尾梳对其层次做调整，将调整好的头发固定。

将后发区位置的头发向上提拉并倒梳。

将倒梳好的头发固定。

甜美可爱新娘发型

甜美可爱风格新娘造型概述

甜美可爱风格的新娘造型对新娘的年龄有一定的要求，一般比较适合年龄比较小的人；长相过于成熟、五官和棱角过于分明的人不太适合这种造型。选择这种造型的时候首先要观察客人是否能够驾驭这种感觉的造型，可以通过五官、脸形、皮肤、气质几个层面做细致的观察。有的时候不是造型本身有问题，而是我们没有找到契合点。

甜美可爱风格新娘造型的基本表现形式

甜美可爱风格的新娘造型一般都不会将轮廓处理得过大，通常会处理成上盘式、后垂式、低盘式等表现形式。不管是哪种表现形式，都不会将造型处理得过于光滑、死板。例如，上盘式造型如果需要打卷，卷也会处理得比较松散随意。而在编发造型的时候，也会将编发处理得相对松散。甜美可爱风格的新娘造型的发丝具有灵动的美感。有层次的造型会显得年轻，这样才能与甜美可爱的主题相吻合。

甜美可爱风格新娘造型的头饰选择

饰品的选择是打造甜美可爱风格的新娘造型一个比较重要的环节，饰品在很大程度上决定了造型的风格。例如，同一款造型佩戴花朵饰品会显得柔美，而佩戴硕大的皇冠就会显得高贵或庄重。想确定造型的风格，选对饰品是非常重要的。

花朵饰品

色彩绚丽的绢花或鲜花点缀在甜美可爱风格的造型中，会给人一种比较暖的感觉，从而可以使新娘甜美可爱的气质得到提升。

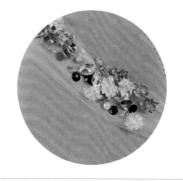 

纱质饰品

纱质感饰品的种类很多，它们有一个共同的特点，就是质地柔和，比较适合与其他饰品配合使用，一同打造甜美可爱的造型感觉。

花环饰品

花环是非常具有少女风的饰物，将其作为甜美可爱风格的新娘造型的饰品使用有减龄效果，使人看上去更年轻。

发箍、发带饰品

发箍、发带及呈环形或半环形的饰品在甜美可爱风格的新娘造型中经常被运用到。我们看到小女生戴发带、发箍会觉得可爱，而看到年龄较大的人戴这些就会觉得怪异。在造型中利用这种类型的饰品会提升造型的可爱感。

甜美可爱风格新娘造型的耳饰、项链选择

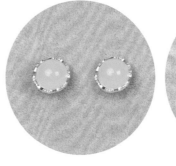

彩色花朵耳饰

将色彩比较亮丽的花朵形耳饰点缀在甜美可爱的造型中会增加整体造型的跳跃感，使造型显得更加可爱俏皮。

塑料耳饰

塑料耳饰的表现形式很多，比如圆形、椭圆形等，色彩也比较多样。一般甜美可爱的造型会选择小巧精致的塑料耳饰点缀。

珍珠项链

甜美可爱的造型选择的珍珠项链以偏细的、设计感比较精致的款式为主，也可以选择珍珠与蕾丝相互结合的项链。

甜美可爱新娘发型

01

造型难点解读

注意造型向下扣卷与向上扭转的头发之间的衔接。此款造型追求的不是饱满光滑的造型轮廓，而是造型结构与饰品相互结合形成的甜美可爱感觉。

STEP BY STEP

将刘海区的头发分片向下扣卷。将扣卷好的头发固定。

继续将刘海区的头发向下扣卷并固定。

将右侧发区的头发向上提拉，扭转并固定。

将左侧发区的头发向上提拉，扭转并固定。

将顶区的头发向前提拉，向下扣卷并固定。

将固定之后的发尾打卷并固定在左侧发区。

将后发区右侧的头发向上提拉，扭转并固定。

将固定之后剩余的发尾继续打卷并固定。

将后发区左侧的头发向上提拉并扭转，将扭转好的头发固定。

将固定之后剩余的发尾打卷并固定。

将顶区的头发扭转并固定。

将固定之后剩余的发尾打卷，在顶区位置固定。

将后发区位置的部分头发向上提拉，打卷并固定。

将后发区位置剩余的头发向上提拉，打卷并固定。

在头顶位置佩戴饰品，装饰造型。

将网纱抓出褶皱层次，装饰造型。

甜美可爱新娘发型

02

造型难点解读

注意刘海区及两侧发区的饱满度和层次感，
用手拿捏头发的时候要控制好松紧度，不要
出现过于生硬的感觉。

01 从刘海区分出两片头发，交叉扭转。

02 扭转之后将头发向上打卷并固定。

03 调整固定之后的头发的层次。

04 继续分出两片头发，交叉扭转。

05 扭转之后将其中一片头发向上打卷。

06 将另外一片头发打卷并固定。

07 将右侧发区的头发向前打卷并固定。

08 调整固定之后的头发的层次。

09 在后发区右侧分出两片头发，进行扭转。

10 将扭转的头发固定并调整其层次。

11 在左侧发区分出两片头发，进行交叉。

12 将其中一片头发向上打卷。

13 将另外一片头发打卷并固定。

14 将固定之后剩余的发尾向上打卷并固定。

15 继续从左侧发区分出两片头发，交叉后将其中一片打卷并固定。

16 将左侧发区另外一片头发打卷并固定。

17 从后发区位置分出一片头发，向上打卷并固定。

18 继续从后发区位置分出一片头发，向上打卷并固定。

19 从后发区下方分出一片头发，向上提拉，打卷并固定。

20 将后发区位置剩余的头发进行三股辫编发。

21 将编好的头发向上打卷并固定。

22 在头顶位置佩戴网纱，对面部进行适当的遮挡。

23 佩戴饰品，对造型进行装饰。

甜美可爱新娘发型

03

造型难点解读

注意顶区的头发的轮廓感及层次感，因为其余位置的造型结构以顶区造型为中心，所以顶区造型的位置及轮廓决定了整个造型呈现的感觉。

01 将顶区的头发向上提拉，扭转并固定。

02 将固定之后的头发倒梳，使其更具有层次感。

03 将刘海区的头发向上提拉并倒梳。

04 将倒梳好的头发向后扭转。

05 将扭转好的头发向前推并固定。

06 将左侧发区的头发向上提拉，扭转并固定。

07 将右侧发区的头发向上提拉，扭转并固定。

08 将后发区右侧的头发向上提拉，向下扣卷并固定。

09 将左侧发区的头发向上提拉，向下扣卷并固定。

10 将后发区剩余的头发向上提拉，扭转并固定。

11 围绕顶区的发包佩戴饰品，装饰造型。

12 调整发丝的层次，对饰品进行适当遮挡。

甜美可爱新娘发型

04

造型难点解读

注意在编发的时候调整身体的位置，以顺应编发的角度及摆放方位，让造型更加自然。

01 用电卷棒将两侧的发丝进行烫卷。

02 烫卷的时候注意发丝提拉的角度。

03 从顶区位置取头发，进行三股一边带编发。

04 编发呈上宽下窄的状态，用三股辫编发的形式进行收尾。

05 用两股辫的形式对右侧发区的头发进行编发。

06 边编发边带入后发区位置的头发。

07 用两股辫的形式对左侧发区的头发进行编发。

08 边编发边带入后发区位置的头发。

09 继续将后发区位置剩余的头发顺应烫卷的弧度扭转并固定。

10 将固定之后的头发尾端向内扣卷并固定。

11 佩戴饰品，对造型进行装饰。造型完成。

甜美可爱新娘发型

05

造型难点解读

打造此款造型时要注意刘海区的层次感，同时也要注意顶区的层次感，这样可以使造型在甜美中带有一些高贵气息。

01 将刘海区及两侧发区的头发向上提拉并倒梳。

02 将左侧发区的头发向后扭转并固定。

03 将右侧发区的头发向后扭转并固定。

04 将刘海区的头发前推，使其隆起一定的高度并固定。

05 将后发区左侧的头发向上提拉，扭转并固定。

06 将固定之后剩余的发尾调整出层次并进行细致的固定。

07 将后发区中间位置的头发向上提拉，向内扣卷并固定。

08 在后发区右侧取部分头发，向上提拉，打卷并固定。

09 将后发区剩余的头发固定，对顶区的层次做细致调整。

10 在额头位置佩戴饰品，装饰造型。

甜美可爱新娘发型

06

造型难点解读

此款造型没有过多的造型结构，主要通过发
丝的层次感来使造型呈现饱满的轮廓。小号
电卷棒的烫卷起到了很重要的作用，局部的
烫卷可以使造型的层次感更加丰富。

01 在头顶位置佩戴饰品，装饰造型。

02 将右侧发区的部分头发向上扭转，对饰品进行适当遮挡后固定。

03 继续将右侧发区剩余的头发连带部分后发区的头发向上提拉，倒梳后固定。

04 将后发区左侧的头发向上提拉，扭转并固定。

05 用尖尾梳调整刘海区的头发的层次。

06 用尖尾梳倒梳，使其与后发区位置的头发自然衔接。

07 将饰品上的丝带系出蝴蝶结的效果。

08 用小号电卷棒对右侧的一些发丝进行烫卷。

09 对左侧的发丝进行烫卷。

10 对后发区位置的发丝进行烫卷。

11 喷少量发胶，进行定型。

甜美可爱新娘发型

07

造型难点解读

在用电卷棒烫发的时候要注意头发的提拉角
度，需要向顶区位置造型时要将头发向上提
拉并烫卷，这样做的目的是使发片更加适应
造型的角度。

01 保留刘海区的头发的蓬松感并对其固定。

02 将左侧发区的头发向上打卷并固定。

03 将顶区的头发打卷，调整其层次并固定。

04 用尖尾梳调整刘海区的头发，使其层次更加自然。

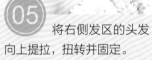

05 将右侧发区的头发向上提拉，扭转并固定。

06 将后发区右侧的头发向上提拉并固定。

07 将后发区位置剩余的头发固定。

08 从刘海区位置取头发，用电卷棒进行烫卷。

09 继续将刘海区最外层的头发进行烫卷。

10 喷少量发胶，进行定型。

11 在顶区佩戴链条状饰品，装饰造型。

甜美可爱新娘发型

08

造型难点解读

注意刘海区的头发的处理方式，先将头发分
片扭转并调整出层次，然后将其相互结合，
塑造刘海区的层次感。这种处理方式经常被
用于短发造型中。

01

将刘海区的发丝扭转，调整出层次并固定。

02

继续取发丝，扭转后固定。

03

通过撕拉的方式将发丝调整出层次。

04

将左侧发区的头发向上提拉，扣卷后固定。

05

将右侧发区的头发向上提拉，扭转后固定。

06

将后发区的头发倒梳。

07

将倒梳好的头发向上提拉，用尖尾梳调整出层次后进行细致的固定。喷少量发胶，进行定型。

08

在头顶位置佩戴饰品，装饰造型。

甜美可爱新娘发型

09

造型难点解读

此款造型的层次感丰富，飘逸自然。新娘的
头发很短，要注意分片向上提拉，这样可以
使头发得到更大的利用。

01 将右侧发区的头发扭转后倒梳。

02 将倒梳好的头发向上扭转并固定。

03 将顶区的头发向上提拉，扭转并固定。

04 将后发区位置的部分头发向上扭转并固定。

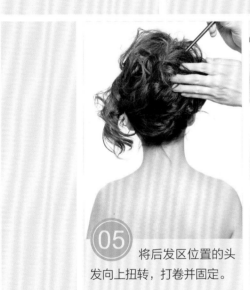

05 将后发区位置的头发向上扭转，打卷并固定。

06 用尖尾梳调整刘海区的头发的层次。

07 调整发丝层次的时候注意造型轮廓的饱满度。

08 将左侧发区的头发调整出层次并固定。

09 喷少量发胶，对头发进行定型。

10 在额头右侧佩戴花朵饰品，装饰造型。

11 在花朵饰品的基础上将网纱抓出层次，修饰造型。造型完成。

甜美可爱新娘发型

10

造型难点解读

虽然造型主体结构在后发区较低的位置，但要注意刘海区的头发的层次感，因为刘海区的发丝层次有利于饰品与造型之间的结合。

将左侧发区的头发向上提拉，扭转后固定。

将右侧发区的头发向后扭转并固定。

将右侧后发区的头发向上打卷后固定。

在后发区位置下连排发卡，将头发固定。

将后发区位置的头发向上提拉并倒梳。

在头顶位置佩戴花环饰品，装饰造型。

将花环上的发带固定。

佩戴蝴蝶结饰品，装饰造型。

端庄高贵新娘发型

端庄高贵风格新娘造型概述

不管流行风格怎么变化，总有一些风格一直被大部分人所喜爱，这是因为这些风格的适应性广泛，端庄高贵风格的新娘造型就属于这种类型。造型时需要随着流行趋势的变化在造型细节和饰品的选择上加以变化，基本的风格走向是不变的。

端庄高贵风格新娘造型的基本表现形式

端庄高贵风格的新娘造型通常会呈上盘的形式，根据所采用的造型手法不同，一般分为打卷式、光滑式、层次式几种。打卷式的端庄高贵风格造型会在高贵中带有一些优雅感；层次式的端庄高贵风格造型是指保留顶区发尾的层次或刘海区的层次，使造型在高贵的同时显得生动年轻；光滑式的端庄高贵风格造型是将头发通过包发等手法上盘成光滑的效果，凸显高贵端庄的气质。在打造造型时可根据需要及感觉选择合适的手法。

端庄高贵风格新娘造型的头饰选择

端庄高贵风格新娘造型在饰品的选择上更偏向于华贵、隆重。一般这种风格的饰品上会带有金属材质及水钻材质的装饰。皇冠是端庄高贵风格的新娘造型最理想的饰品。皇冠的种类很多，可根据需要来选择与造型相协调的皇冠样式。

白钻皇冠

白钻皇冠是最常见的皇冠类型，样式也多种多样。端庄高贵风格的新娘造型一般会选择中号、大号的皇冠，太小的皇冠会有可爱俏皮的感觉，不适合端庄高贵风格的新娘造型使用。

复古皇冠

复古皇冠是近两年比较流行的皇冠样式。复古皇冠一般会点缀仿宝石的装饰，非常华美，用来作为端庄高贵风格的新娘造型的装饰，会让造型显得更加奢华大气。

彩色皇冠在庄重中带有一些浪漫的色彩，一般在端庄高贵风格的新娘造型中运用的彩色皇冠的材质会比较硬朗，玻璃或金属质感比较合适。

珍珠饰品

珍珠材质的饰品质感柔美，用珍珠材质的饰品作为端庄高贵风格的新娘造型的装饰会使造型在高贵的同时具有柔和的美感。

端庄高贵风格新娘造型的耳饰、项链选择

端庄高贵风格的新娘造型的耳饰一般都较为大气，这样搭配会使整体造型的端庄高贵感更加强烈。

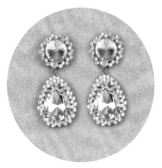   

钻石耳饰

钻石耳饰一般会选择大颗钻石的样式，比较常见的是偏长、流线感比较流畅的耳饰。偏长的耳饰有拉长脸形的作用，这种感觉的耳饰会使脸形显得更瘦、更立体。

宝石耳饰

镶嵌大颗的仿宝石的耳饰会增添造型的高贵感。

复古夸张耳饰

复古夸张的耳饰较为大气，一般配合复古华丽的皇冠一起使用。

珍珠耳饰

这里所选用的珍珠耳饰一般会将珍珠镶嵌在金属底座上，这样的饰品在柔美中不失高贵，非常适合端庄高贵风格的新娘造型使用。

钻石项链

钻石项链一般与钻石耳饰搭配使用。在搭配端庄高贵风格的新娘造型时可适当选择一些较为大气的钻石项链，会使整体造型具有更强烈的高贵感；过细的链子会弱化高贵的感觉。

珍珠项链

珍珠的光泽和质感本身具有雍容华贵的感觉，单层的珍珠项链较为柔美，而佩戴两层及两层以上的珍珠项链，会提升造型的端庄高贵感觉。

端庄高贵新娘发型

01

造型难点解读

此款造型高贵而自然，这是因为利用顶区的
头发的发尾塑造了层次感，使造型既光滑又
具有丰富的纹理。

01 将顶区的头发向上提拉并打卷，将打好的卷进行牢固的固定。

02 将右侧发区的头发用三股辫连编的方式向后进行编发。

03 将编好的头发扭转并在后发区右侧固定。

04 将左侧发区的头发用三股辫连编的形式编发，在后发区左侧扭转并固定。

05 从后发区右侧位置取头发，向上提拉并扭转，在顶区位置固定。

06 将后发区左侧的头发向右侧提拉，扭转并固定。

07 将固定之后剩余的发尾在顶区位置调整好层次并固定。

08 将左侧刘海区的头发向后扭转并固定。

09 将固定之后剩余的发尾提拉至顶区位置并固定。

10 将左侧刘海区的头发向后扭转并固定。

11 将固定之后剩余的发尾向上提拉，打卷并固定。

12 在头顶位置佩戴皇冠，装饰造型。

端庄高贵新娘发型

02

造型难点解读

此款造型采用了上盘并向右侧偏移的结构，
使造型在高贵的同时不生硬刻板。

01 将刘海区的头发向上盘绕并打卷。

02 将打卷的头发调整出合适的轮廓并固定。

03 将右侧发区的头发向上打卷，与刘海区的打卷相互衔接并固定。

04 将左侧发区的头发向上提拉，扭转并固定。

05 将后发区的头发以扭包的形式向上提拉，扭转并固定。

06 调整固定之后剩余的发尾的轮廓。

07 调整好之后将其固定牢固。

08 在头顶位置佩戴皇冠，装饰造型。

端庄高贵新娘发型

03

造型难点解读

此款造型肿，顶区的发包是高贵感造型常用的表现形式，刘海区的处理及皇冠的偏侧佩戴方式使造型多了一些灵动的感觉。

01 将刘海区的头发向上提拉并扭转。

02 将扭转好的头发向一侧固定。

03 将固定之后剩余的发尾打卷。

04 将打好的卷呈下扣的状态固定。

05 将右侧发区的头发向上提拉，扭转并固定。

06 将固定之后剩余的发尾打卷，将打好的卷固定，与之前的卷相互衔接。

07 将左侧发区的头发向上提拉，扭转并固定。

08 将剩余的头发在后发区位置扎高马尾。

09 将牛角假发缠绕在马尾之中。

10 将牛角假发弯出一定的弧度。

11 将牛角假发在头顶位置固定。

12 佩戴皇冠饰品，装饰造型。

端庄高贵新娘发型

04

造型难点解读

注意顶区造型的高度不要过高，后发区造型
要轮廓饱满，从而呈现高贵而简约的美感。

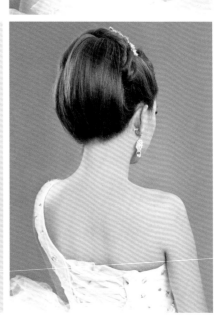

01 将顶区的头发收拢并打卷。

02 将打好的卷在顶区位置固定。

03 将后发区的头发分片倒梳。

04 将倒梳好的头发向上梳理干净。

05 将梳理好的头发扭转并固定。

06 将固定之后剩余的头发扭转并固定。

07 在头顶位置佩戴皇冠饰品。

08 将右侧刘海区的头发向后扭转并固定。

09 将左侧刘海区的头发向后扭转并固定。

10 将左侧发区的头发向上提拉，扭转并固定。

11 将右侧发区的头发向上提拉，扭转并固定。

12 将两侧固定好的发尾向上扭转，打卷并固定。调整顶区造型的轮廓。

093

端庄高贵新娘发型

05

造型难点解读

此款造型大量运用了打卷的手法，要注意的是打卷和固定的角度，不要在造型表面呈现过多的发圈结构，造型表面要较为光滑干净。

01

将刘海区的头发向下扣卷并固定。

02

将右侧发区的头发向上提拉并扭转，将扭转好的头发收紧并固定。

03

将固定之后剩余的发尾在顶区位置打卷并固定。

04

将左侧发区的头发向上提拉，扭转并固定。

05

将固定之后剩余的发尾在顶区位置打卷。

06

将顶区位置的头发向上扭转并固定。

07

将固定之后剩余的发尾在顶区位置打卷。

08

将打好的卷固定，并对其轮廓做适当调整。

将后发区左侧的头发向上扭转，将扭转之后的头发收紧并固定。

将固定之后剩余的发尾打卷。

将打好的卷固定，并对造型轮廓做调整。

将后发区右侧的部分头发向上提拉，扭转并固定。

将固定之后剩余的发尾打卷并固定。

将后发区位置剩余的头发向上提拉，扭转并固定。

将剩余的头发打卷并固定。

在头顶位置佩戴饰品。造型完成。

端庄高贵新娘发型

06

造型难点解读

注意打卷的摆放角度，以及卷与卷之间的
衔接，最终要在顶区位置形成饱满的造型
轮廓感。

01 将左侧刘海区的头发向后打卷并固定。

02 将右侧刘海区的头发向后打卷并固定。

03 调整两侧刘海区的头发在顶区固定的轮廓。

04 将后发区中间的头发向上提拉，打卷并固定。

05 将后发区左侧下方的头发向上提拉并打卷。

06 将打好的卷与之前的头发衔接并固定。

07 将后发区左侧剩余的头发向上提拉并打卷。

08 将打好的卷固定。

09 将左侧发区的头发在后发区位置打卷并固定。

10 将右侧发区及剩余后发区的头发在造型右侧打卷并固定。

11 调整造型轮廓的饱满度。

12 在头顶位置佩戴皇冠，装饰造型。

端庄高贵新娘发型

07

造型难点解读

造型结构的样式呈向上收拢的感觉，只要将头发扭转并固定，再打卷并相互衔接，使其形成饱满的造型轮廓，自然会形成这样的造型样式。

将刘海区的头发在头顶位置扎马尾。

从马尾中分出一片头发，在头顶位置打卷并固定。

继续用马尾中的头发在顶区位置打卷。

将打卷调整出一定的立体感并进行细致的固定。

将左侧发区剩余的头发向上提拉，打卷并固定。

将顶区位置的头发向上提拉并扭转。

将扭转好的头发固定。

从固定好的头发中分出一片并打卷。

将剩余的头发继续向上打卷。

调整打好的卷的轮廓。

将右侧发区剩余的头发向上提拉，扭转并固定。

将固定之后剩余的发尾向前打卷。

将后发区位置剩余的头发向上提拉并扭转。

将扭转好的头发固定。

将剩余的发尾打卷并固定。

在头顶位置佩戴皇冠，装饰造型。

端庄高贵新娘发型

08

造型难点解读

此款造型利用扎马尾的方式来塑造顶区的造型轮廓，扎马尾可以使头发收于一点，更利于发包等造型结构的塑造。

01 将顶区、两侧发区及刘海区的头发在头顶位置扎马尾。

02 将扎好的马尾倒梳。

03 将倒梳好的头发向前打卷。

04 将打好的卷固定并对其轮廓做调整。

05 将后发区位置剩余的头发扎马尾。

06 将扎好的马尾用发卡向上固定牢固。

07 将固定好的头发向后打卷，将打好的卷固定。

08 在头顶位置佩戴饰品，装饰造型。

端庄高贵新娘发型

09

造型难点解读

顶区的发包采用牛角假发缠绕后固定,发包不要太大。注意牛角假发的两端要适当收拢,这样可以控制发包的大小。

01 将后发区位置的头发扎马尾。

02 将牛角假发缠绕在扎好的马尾中。

03 继续将牛角假发向上缠绕至头顶位置。

04 将牛角假发固定。

05 固定之后调整顶区造型的轮廓。

06 将左侧刘海区的头发用尖尾梳辅助摆出弧度并固定。

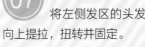

07 将左侧发区的头发向上提拉，扭转并固定。

08 将右侧刘海区的头发用尖尾梳辅助摆出弧度并固定。

09 将右侧发区的头发向上提拉，扭转并固定。

10 将剩余的发尾在后发区位置打卷并固定。

11 在头顶位置佩戴皇冠，装饰造型。

端庄高贵新娘发型

10

造型难点解读

此款造型采用先造型再佩戴饰品，之后再造型的方式，这样的处理方式是为了在佩戴好饰品后根据饰品调整造型轮廓的大小。

01 将顶区及后发区位置的头发扎马尾。

02 将右侧发区的头发用尖尾梳辅助向后扭转。

03 将扭转好的头发固定在右侧。

04 将固定之后的发尾向上打卷。

05 将左侧发区的头发用尖尾梳辅助向后扭转。

06 将扭转好的头发在马尾根部固定。

07 在头顶位置佩戴皇冠，装饰造型。

08 注意皇冠固定的位置，不要过于靠后。

09 将马尾的头发向前推，固定后打卷。

10 将打好的卷在头顶位置固定并对轮廓进行调整。

端庄高贵新娘发型

11

造型难点解读

此款造型主要体现了刘海区及两侧发区的层次感，所以顶区的发包不要处理得过高，只要起到使整体造型更加饱满的作用即可。

01

将后发区及顶区位置的头发扎马尾。

02

将刘海区及两侧发区的头发倒梳。

03

用尖尾梳将倒梳好的头发调整出层次感。

04

将头发调整好层次后隆起一定的高度，在顶区位置固定。

05

将马尾的头发倒梳。

06

将头发梳理好之后向后打卷。

07

将打好的卷固定。

08

在头顶位置佩戴皇冠，装饰造型。

端庄高贵新娘发型

12

造型难点解读

注意刘海区的头发的翻卷角度及饱满度，另
外要注意后发区位置的头发，这种向上包发
的处理方式有利于头发的固定，并能提升造
型高度。

01 将右侧发区的头发向后扭转并固定。

02 将左侧发区的头发向后扭转并固定。

03 将刘海区的头发用尖尾梳辅助进行上翻卷。

04 将翻卷好的头发固定在左侧。

05 固定之后将剩余的发尾打卷并固定。

06 将两侧发区剩余的发尾收拢后倒梳。

07 将倒梳好的头发向上打卷并固定。

08 将后发区位置剩余的头发倒梳。

09 将倒梳好的头发向上提拉，打卷并固定。

10 佩戴皇冠，装饰造型。造型完成。

端庄高贵新娘发型

13

造型难点解读

注意刘海区及两侧发区的饱满度，顶区的头发不要处理得过高，用皇冠塑造顶区的造型轮廓即可。

将刘海区的头发进行鱼骨辫编发，编发时带入右侧发区的头发。

将编好的头发向上打卷，在顶区位置固定。

调整固定好的头发的轮廓。

将左侧发区的头发进行松散的三股辫连编，然后用三股辫编发手法收尾。

将编好的头发向上打卷并固定。

将后发区位置剩余的头发进行三股辫编发。

将编好的头发向上打卷并固定。

在头顶位置佩戴皇冠，装饰造型。

端庄高贵新娘发型

14

造型难点解读

打造此款造型时先佩戴皇冠，以皇冠为中心
来塑造造型轮廓，使皇冠与造型结构的衔接
更加自然。

01 在头顶位置佩戴大号彩色皇冠。

02 将刘海区的头发用尖尾梳辅助向下进行扣卷。

03 将扣卷的头发调整出合适的角度并固定。

04 将左侧发区的头发倒梳。

05 将倒梳好的头发向上提拉，打卷并固定。

06 在后发区位置取头发，向上提拉并倒梳。

07 将倒梳好的头发向上打卷并固定。

08 将左侧发区的头发向上打卷。

09 将打卷的头发调整出一定的高度并固定。

10 将后发区位置剩余的头发向上梳理。

11 将梳理好的头发扭转并固定。

端庄高贵新娘发型

15

造型难点解读

注意将后发区位置的头发向下扭转收紧再向
上固定的处理方式，这样不但可以使后发区
位置的造型轮廓饱满，同时还会产生一定的
层次感。

01 将右侧发区的头发向后扭转并固定。

02 将刘海区的头发向下扣卷。

03 将扣卷的头发调整好角度并固定。

04 将剩余的发尾向前打卷并固定。

05 将剩余的发尾向上提拉，扭转并固定。

06 将固定之后剩余的发尾顺到后发区的头发中。

07 将左侧发区的头发向后扭转并固定。

08 将后发区剩余的头发扭转。

09 将扭转好的头发向上固定。

10 在头顶位置佩戴皇冠，装饰造型。

11 在皇冠之上再佩戴一个皇冠，装饰造型。

端庄高贵新娘发型

16

造型难点解读

将所有头发收拢于顶区位置，利用发尾塑造顶区的层次感和饱满度。可根据新娘发量的多少来调整收拢的松紧度，发量较少则适当放松，反之则适当收紧。

01 将刘海区的头发扭转并固定。

02 将右侧发区的头发向上提拉，扭转并固定。

03 将左侧发区的头发向上提拉，扭转并固定。

04 将固定之后剩余的发尾结合在一起扭转。

05 将扭转好的头发在头顶位置固定。

06 将顶区的头发向上提拉，扭转并固定。

07 将固定之后剩余的发尾调整出层次并固定。

08 将后发区右侧的头发向上提拉，扭转并固定。

09 将固定之后剩余的发尾在顶区位置调整出层次并固定。

10 将后发区左侧的头发向上提拉，扭转并固定。

11 将固定之后剩余的发尾扭转并调整出层次，在顶区位置固定。

12 在头顶位置佩戴饰品，装饰造型。造型完成。

优雅大气新娘发型

优雅大气风格新娘造型概述

优雅大气风格的新娘造型是一种比较接地气的造型，这里所说的接地气是指适应人群较为广泛，虽然没有过多的亮点，但也不容易出错。优雅大气风格的新娘造型介于端庄高贵与浪漫唯美之间，同时还带有一些复古的感觉，是一种综合性较强的造型。

优雅大气风格新娘造型的基本表现形式

优雅大气风格新娘造型的基础表现形式是低盘式，一般表现为单侧盘发、双侧盘发或简约的后盘式盘发。优雅大气风格新娘造型的纹理较为干净光滑，即便是有层次也不会过于凌乱。如果想变化出更多的优雅大气风格的新娘造型，要注意刘海区的造型变化，刘海区的造型变化能对整个造型的变化能起到很大的作用。刘海区造型的表现形式很多，上翻卷、下扣卷等手法在优雅大气风格的新娘造型中运用较多，采用同样的造型手法，摆放位置和固定方式不同也会带来不一样的感觉。

优雅大气风格新娘造型的头饰选择

优雅大气风格新娘造型的头饰不会像浪漫唯美和甜美可爱风格的头饰那么跃动，也不会像端庄高贵风格的头饰那么的沉稳，而是要介于它们之间，沉稳中有一丝灵动气息。

简约个性皇冠

款式过于庄重和质感过于沉重的皇冠不适合用于优雅大气风格的新娘造型之上，可以选择一些质感较为轻盈、造型感较为特别的皇冠，既有优雅感又不会显得过于庄重。

金属发饰

造型感灵动的金色的金属发饰在近两年大行其道，搭配在优雅大气风格的新娘造型上会增添造型的大气感和时尚气息。

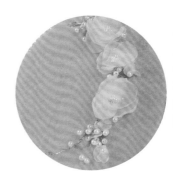

绢花发饰

优雅大气风格的新娘造型搭配的绢花发饰可以是白色的、米色的，不要选择过于鲜艳的颜色，否则会使造型偏离优雅大气的风格感觉。

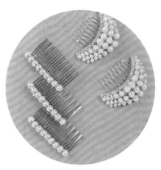

珍珠发饰

珍珠质感的发饰可以通过多个组合点缀在造型上，更加能够凸显造型的优雅感，并且可以使造型的感觉更加柔和。

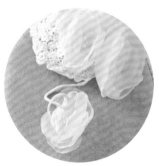

造型礼帽

优雅大气风格的新娘造型的礼帽要在简约中富有一些浪漫气息，不会像搭配浪漫唯美风格造型和甜美可爱风格造型的礼帽那么颜色跳跃，但也不能过于庄重。

优雅大气风格新娘造型的耳饰、项链选择

花形耳饰

优雅大气风格的新娘造型的耳饰要简约精致，不论在色彩上还是造型感上都不要过于夸张。

宝石耳饰

宝石耳饰适用的造型范围很广泛，搭配优雅大气风格的新娘造型，会在优雅中显露出复古的气息。

珍珠耳饰

珍珠耳饰可以是大颗的珍珠耳饰，也可以是金属底座点缀珍珠的耳饰。珍珠给人的感受与优雅大气风格的新娘造型非常协调。

钻石耳饰

钻石耳饰是指在简约的金属链上装饰小颗钻石，简约的形式搭配优雅大气风格的新娘造型，可以起到很好的点缀作用。

优雅大气新娘发型

01

造型难点解读

处理此款造型时要注意刘海区的头发的编发
松紧适度，应使其呈现自然上翻的层次感。

01 在左侧发区佩戴花朵饰品，装饰造型。

02 将刘海区的头发用鱼骨辫的形式进行编发。

03 将编好的头发在后发区位置固定。

04 将顶区的部分头发用三股辫的手法进行编发。

05 将编好的头发在造型右侧固定。

06 将部分顶区及后发区的头发用三股辫连编的手法进行编发。

07 将编好的头发向上打卷并固定。

08 固定的时候将头发隆起一定的高度，使其呈现饱满的状态。

09 将左侧发区的头发在造型左侧打卷。

10 从后发区位置取头发，扭转并固定。

11 将剩余的头发在造型左侧自然地打卷并固定。

12 用手调整头发的层次，使其呈现自然的状态。

优雅大气新娘发型

02

造型难点解读

注意造型中卷与卷之间的衔接和固定，尤其
要注意最后一个卷在造型一侧的固定角度及
牢固度，最后一个卷会对造型轮廓起到修饰
作用。

01 将刘海区的头发向上提拉并倒梳。

02 将刘海区的头发的表面梳理得光滑干净。

03 将刘海区的头发以尖尾梳为轴向上进行翻卷。

04 将翻卷好的头发调整好角度并固定。

05 将后发区的头发向上进行翻卷。

06 将翻卷好的头发在后发区右侧固定。

07 将左侧发区的头发向上扭转并固定。

08 将后发区位置的剩余头发倒梳。

09 将倒梳好的头发在造型右侧打卷。

10 将打好的卷固定，并对其轮廓做调整。

11 在左侧佩戴饰品，装饰造型。

12 将饰品上的带子打结固定。

优雅大气新娘发型

03

造型难点解读

注意头发固定的次序，后发区位置的翻卷和
固定要根据造型轮廓的需要调整角度。

 01 将后发区左侧的头发向右侧扭转并固定。

 02 将后发区右侧的头发向左侧扭转并固定。

 03 使左右两侧固定的头发形成叠加效果。

 04 将左侧发区的头发以尖尾梳为轴向后扭转。

 05 将扭转好的头发固定。

 06 将左侧发区的头发以尖尾梳为轴向后扭转。

 07 将扭转好的头发固定。

 08 固定之后将剩余的发尾再次扭转。

将扭转好的头发在后发区位置固定。

将右侧发区固定之后剩余的头发扭转。

将扭转好的头发在后发区位置固定。

将后发区位置的部分头发在造型右侧打卷。

将打好的卷固定并对其弧度做调整。

将剩余的头发在造型左侧向上打卷。

将打好的卷固定。

佩戴饰品，装饰造型。

优雅大气新娘发型

04

造型难点解读

点缀蝴蝶饰品的时候要注意佩戴的角度，不要出现角度过于一致的情况。另外要注意蝴蝶固定的点，应使其起到修饰造型的缺陷和增加饱满度的作用。

01 将刘海区的头发向下扣卷并固定。

02 固定之后继续取部分侧发区的头发，向下扣卷。

03 将扣卷的头发调整好角度并固定。

04 在后发区位置将头发扭转。

05 将扭转好的头发在后发区固定。

06 将右侧发区的剩余头发向后打卷。

07 将卷调整好角度并固定。

08 将剩余的头发向上提拉并固定。

09 将固定之后剩余的发尾打卷并固定。

10 佩戴蝴蝶饰品，装饰造型。

11 继续佩戴蝴蝶饰品，对造型进行点缀。

优雅大气新娘发型

05

造型难点解读

佩戴饰品后用造型结构对饰品进行适当遮挡，
使饰品与造型结构之间的结合更加自然、不
生硬。

01 在头顶佩戴饰品，装饰造型。

02 将刘海区的头发向上翻卷并固定。

03 将右侧发区的头发向上提拉，扭转并固定。

04 将左侧发区的头发向上提拉，扭转并固定。

05 从后发区左侧继续取头发，向上提拉，扭转并固定。

06 将后发区左侧的头发向右侧扭转。

07 将扭转好的头发在后发区位置固定。

08 将后发区右侧的头发向左侧扭转。

09 将后发区剩余的头发向上进行翻卷并固定。

10 将后发区剩余的发尾调整出层次，从右向左提拉并固定。

优雅大气新娘发型

06

造型难点解读

造型结构的主体偏向一侧，通过上翻卷的形式打造造型轮廓，注意翻卷的提拉和固定角度，要使造型的整体感更加协调。

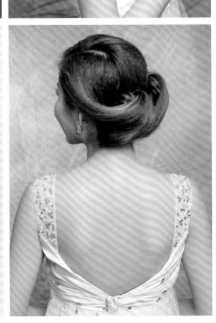

以尖尾梳为轴将刘海区的头发向上翻卷并固定。

固定之后将发尾继续打卷并固定。

将左侧发区连同部分后发区的头发向上进行翻卷。

将翻卷好的头发在后发区位置固定。

将后发区位置剩余的头发向上进行翻卷。

将翻卷好的头发固定。

在右侧发区佩戴饰品，装饰造型。

在刘海区位置佩戴饰品，对造型进行点缀。

优雅大气新娘发型

07

造型难点解读

将刘海区的头发向下扣卷和固定后，向上翻卷的头发要固定得具有层次感，并用后发区位置的头发对其进行修饰，使造型的弧度更流畅。

01 将刘海区的部分头发向下进行扣卷，将扣卷好的头发固定。

02 继续将刘海区的头发向下进行扣卷并固定。

03 将刘海区剩余的发尾连同右侧发区的头发向上进行翻卷并固定。

04 调整固定之后的头发的层次感。

05 将左侧发区的头发向后扭转。

06 将扭转好的头发在后发区位置固定。

07 将后发区下方的两片头发相互交叉。

08 将头发向上扭转并固定。

09 将后发区位置的所有头发结合在一起扭转。

10 将扭转好的头发向右打卷。

11 将打好的卷固定。

12 在造型一侧佩戴饰品，在刘海区下方佩戴饰品，装饰造型。

优雅大气新娘发型

08

造型难点解读

后发区位置的分片打卷要交叉固定，这样可
以使后发区的造型轮廓更加饱满自然。

01 将刘海区及右侧发区的头发向下扣卷并固定。

02 将左侧发区的头发向下扣卷并固定。

03 从后发区左侧取头发，上下扭转后固定。

04 从后发区右侧取头发，上下扭转后固定。

05 将后发区的部分头发向上打卷并固定。

06 继续从后发区剩余的头发中分出一股头发，向上打卷。

07 将打好的卷固定。

08 继续分出一股头发，向上提拉并打卷。

09 将打好的卷固定。

10 将后发区剩余的头发向上提拉并打卷。

11 在顶区佩戴饰品，装饰造型。

优雅大气新娘发型

09

造型难点解读

做造型的时候，发卡要尽量少外露。有时候
为了打造造型结构，难免会有发卡外露，可
以用饰品对其进行遮挡，不但遮住了发卡，
同时也会对造型起到点缀作用。

将刘海区的头发向下扣卷，将扣卷好的头发在后发区位置固定。

固定之后将剩余的发尾在后发区位置打卷并固定。

将后发区位置的部分头发内扣打卷。

将打好的卷在后发区下方固定牢固。

将左侧发区的头发在后发区位置固定。

将固定好的头发在后发区位置向上打卷。

将打好的卷固定并对其轮廓做调整。

在后发区位置佩戴饰品，装饰造型。

优雅大气新娘发型

10

造型难点解读

此款造型的结构较为简单，值得注意的是刘海区的头发的固定不要过紧，要呈现自然的弧度，这样才能使造型看上去不会过于生硬、呆板。

01 将刘海区的头发向造型左侧梳理得光滑干净。

02 梳理好之后将头发向后发区方向扭转并固定。

03 在后发区位置下连排发卡，将头发固定。

04 将后发区左侧的头发倒梳。

05 用尖尾梳将倒梳好的头发表面梳理光滑。

06 将梳理好的头发向上打卷。

07 将剩余的头发用尖尾梳倒梳。

08 将倒梳好的头发表面梳理得光滑干净。

09 将梳理好的头发向上打卷。

10 将打好的卷固定。

11 在头顶位置佩戴饰品，装饰造型。

12 在后发区位置佩戴饰品，装饰造型。

优雅大气新娘发型

造型难点解读

造型在后发区一侧的打卷要呈现后高前低的效果，并且后面要适当收紧，这样可以使打卷之后的卷筒立体感更强，并且更利于固定。

01

以尖尾梳为轴将刘海区的头发向上翻卷。

02

将翻卷好的头发调整好角度并固定。

03

继续从后发区位置取头发，向上翻卷。

04

在后发区位置下连排发卡，固定头发。

05

将右侧发区的头发向上翻卷。

06

将翻卷好的头发固定。

07

佩戴饰品，装饰造型。

08

造型完成。

优雅大气新娘发型

12

造型难点解读

注意两侧发区的头发扭转和固定的牢固度，
固定得是否牢固会影响到之后的造型结构的
效果。

STEP BY STEP

01 将刘海区的头发向下扣卷并固定。

02 将剩余的发尾扭转后在后发区位置固定。

03 将左侧发区的头发在后发区位置扭转并固定。

04 将后发区位置左侧的部分头发扭转并固定。

05 将后发区右侧的部分头发扭转并固定。

06 在后发区位置下连排发卡，固定头发。

07 将后发区位置的头发左右交叉。

08 将右侧的头发向上打卷并固定。

09 将左侧的头发向上打卷并固定。

10 在头顶位置佩戴饰品，装饰造型。

优雅大气新娘发型

13

造型难点解读

注意将左侧发区的头发向后发区方向梳理、收拢及打卷这一系列连续的动作。这一部分头发要收理干净并固定牢固，这样才能和之后的造型结构相互衔接。

01 将刘海区的头发向造型右侧梳理得光滑干净。

02 将刘海区的头发经过右侧向后发区方向梳理。

03 将头发在后发区位置扭转并固定。

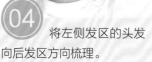

04 将左侧发区的头发向后发区方向梳理。

05 将头发在后发区位置打卷。

06 将打好的卷在后发区右侧固定。

07 将后发区位置剩余的头发用尖尾梳梳理得光滑干净。

08 将梳理好的头发内扣打卷。

09 将打好的卷固定。

10 在后发区位置佩戴饰品，装饰造型。

优雅大气新娘发型

14

造型难点解读

注意后发区位置打卷的摆放，有时候不必拘泥于卷的摆放位置，要养成整体到局部，再从局部到整体的思维方式。此款造型后发区位置的卷的摆放只要让造型轮廓饱满即可。

01 将左侧发区的头发向后发区方向扭转并固定。

02 将后发区位置的头发向上提拉并扭转。

03 将扭转好的头发在后发区固定。

04 将右侧发区的头发连带部分后发区的头发向上翻卷。

05 将翻卷的头发调整好角度并固定。

06 从后发区位置取头发，向上打卷。

07 将打好的卷调整好轮廓并固定。

08 将后发区位置剩余的头发向右侧提拉并打卷。

09 将打好的卷在造型右侧固定。

10 用尖尾梳辅助将刘海区的头发调整出弧度。

11 将刘海区的头发在右侧摆出波纹弧度并固定。

12 在后发区佩戴饰品，装饰造型。

优雅大气新娘发型

15

造型难点解读

将后发区的头发向前打卷的时候要注意适当
收紧，这样可以使卷的固定更加方便，并且
使轮廓更加饱满。

01 将右侧发区的头发以尖尾梳为轴向后扭转并固定。

02 用发卡将刘海区的头发适当向后固定。

03 将刘海区的头发向下打卷。

04 将打好的卷调整出弧度并固定。

05 将左侧发区的头发倒梳。

06 将头发表面梳理干净，以尖尾梳为轴向后扭转。

07 将扭转好的头发固定并使其轮廓饱满。

08 将后发区位置左侧的头发倒梳，将倒梳好的头发表面梳理得光滑干净。

09 将头发向前打卷并固定。

10 将后发区右侧的头发倒梳，将倒梳好的头发表面梳理得光滑干净。

11 将头发向前打卷并固定。

12 在刘海前方佩戴饰品，装饰造型。

優雅大氣新娘發型

16

造型難点解讀

扎馬尾之後完成的造型結构可使造型的局部
輪廓飽滿，但兩側会顯得空。用劉海区及側
發区的頭發造型時要適当弥補这个缺陷。

01 将顶区的部分头发扎马尾。

02 将后发区的头发扎马尾。

03 将顶区马尾中的头发用尖尾梳倒梳。

04 将头发梳理干净后向下打卷。

05 将打好的卷调整出饱满的轮廓并固定。

06 将后发区马尾中的头发倒梳。

07 梳理干净后将头发打卷。

08 将打好的卷调整饱满的轮廓并固定。

将顶区剩余的头发倒梳。

将头发梳理干净后以尖尾梳为轴向后扭转，使其隆起一定的高度并固定。

将左侧发区的头发倒梳。

将倒梳好的头发表面梳理光滑干净。

将左侧发区的头发向后打卷并固定。

将刘海区的头发以尖尾梳为轴向上翻卷。

将翻卷好的头发固定。

佩戴饰品，装饰造型。造型完成。

复古风潮新娘发型

复古风潮新娘造型概述

复古风潮新娘造型是近几年比较流行的一种新娘造型表现形式。复古风格与中式的古典风格有本质上的区别，以往的复古风格的新娘造型更多的是欧式风格的复古，但在现在的一些复古风格新娘造型中也融入了中式元素，比如手推波纹和手摆波纹的元素，就是在中式的旗袍造型和复古欧式的白纱新娘造型中的通用元素。复古风潮新娘造型比较适合气质端庄沉稳的新娘使用；如果气质甜美可爱，使用这种造型会显得老气，与气质不符。其实不管是哪种风格的新娘造型，都有其自身的亮点，有时候不是某种风格的造型不够漂亮，而是我们选择的失误。

复古风潮新娘造型的基本表现形式

复古风潮新娘造型多采用低位盘发。并不是所有的复古风潮新娘造型都会选择低位盘发，只是较为高耸的复古盘发会显得老气，现在很少有新娘接受这种类型的造型，所以我们在造型的时候可以选择一些较为简约的低位盘发。我们可以利用刘海区的头发的变化来增强造型的气质感。复古风潮造型可以利用打卷等手法来丰富刘海区的造型变化，也可以利用手推波纹和手摆波纹增强刘海区造型的纹理感和曲线感，使造型更具有复古气息。复古造型的刘海区造型也可以是光滑干净或有自然层次的。大多数复古风潮新娘造型都比较光滑干净，也可以做一些有发丝层次的造型，但要用饰品来均衡，以达到复古的造型效果。

复古风潮新娘造型的头饰选择

在头饰的选择上，复古的帽饰最能体现复古风潮新娘造型的特点。本书中的复古风潮新娘造型主要选择帽饰来装饰，而在搭配帽饰的时候将刘海区的表现形式做了更多变化，以达到不一样的造型效果。

帽饰

复古帽饰的表现形式多种多样，除了样式的不同还有所用材质的区别，蕾丝、布艺、羽毛、珍珠、网纱等都是组成复古帽饰的元素。将各种元素用不同的形式加以组合，即可达到不同的效果。

软网眼纱

软网眼纱主要是在造型时协调帽饰与造型之间的关系，使两者衔接得更好，并且可以适当对面部进行遮挡，使造型与妆容的搭配更加柔和。球球网纱是在软网眼纱上点缀小珍珠等饰物，与软网眼纱的作用基本相同，但要注意的是球球网纱不太适合对眼部进行遮挡，纱上边的饰物有可能会遮住眼球位置。

硬网眼纱

硬网眼纱有比较好的支撑力，搭配帽饰可起到使造型轮廓更加饱满的作用。

复古风潮新娘造型的耳饰、项链选择

宝石耳饰

宝石耳饰的色彩很丰富，用于复古风格新娘造型的宝石耳饰一般会镶嵌比较大颗的宝石，色彩也都较深，比如墨绿色、宝蓝色等色彩，一般不会选择过于艳丽的色彩。

彩钻耳饰

搭配复古风格新娘造型的彩钻耳饰一般会镶嵌色彩比较深的彩钻，基座的色彩也较为古朴。

珍珠项链

复古风格新娘造型在搭配珍珠项链的时候可以选择一些比较大气的款式，不仅会使造型有复古气息，大面积的珍珠质感会使造型更显大气。

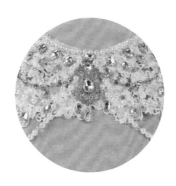

肩链

以蕾丝为底，用珍珠和复古色泽的水钻点缀的肩链搭配在造型中，不但可以起到装饰肩颈位置的作用，还能使造型复古而奢华。

01

造型难点解读

光滑的造型搭配光滑的帽饰，两者的衔接会
显得有些生硬，网纱的佩戴主要起到了柔和
帽饰与造型之间的关系的作用。

01 将左侧发区的头发向后扭转。

02 将扭转好的头发在后发区位置固定。

03 将右侧发区的头发向后发区方向扭转。

04 将扭转好的头发在后发区位置固定。

05 将后发区左侧的头发倒梳。

06 将梳理好的头发向上打卷。

07 将打好的卷固定。

08 将后发区剩余的头发倒梳。

将头发梳理好之后向上打卷。

将打好的卷固定。

将刘海区的头发向造型右侧梳理干净。

将梳理好的头发用尖尾梳辅助推出弧度。

将刘海区的发尾打卷。

将打好的卷固定。

在头顶左侧佩戴欧式礼帽饰品，装饰造型。

在礼帽基础上抓网纱，使造型层次感更加丰富。

复古风潮新娘发型

02

造型难点解读

为了将后发区位置的造型固定牢固，横排下
了很多发卡，要利用后发区向上翻卷的头发
隐藏这些外露的发卡。

STEP BY STEP

01 将刘海区的头发向上提拉并扭转。

02 将扭转好的头发向前推，使其隆起一定的高度。

03 将刘海区的头发调整好之后固定。

04 将刘海区的头发的发尾扭转后在造型右侧固定。

05 固定之后将发尾打卷并固定。

06 将右侧发区的头发向上提拉，扭转并固定。

07 将左侧发区的头发向上提拉，扭转并固定。

08 将后发区左侧的头发横向扭转并固定。

09 在后发区位置下发卡固定头发。

10 将后发区位置的头发向上打卷并固定，对其轮廓做调整。

11 在头顶左侧佩戴饰品，装饰造型。

12 在头顶位置抓硬网纱，装饰造型。

复古风潮新娘发型

03

造型难点解读

造型不仅是将头发处理好就可以了，还要注意饰品的佩戴及多个饰品之间的搭配关系，这款造型就是采用了将两款饰品相互结合成一款饰品的处理方式。

01 将右侧发区的头发向后扭转并固定。

02 将左侧发区连同部分后发区的头发向后扭转并固定。

03 将后发区位置的部分头发向左前方打卷。

04 将打好的卷在后发区左侧固定。

05 将后发区剩余的头发向前打卷。

06 将打好的卷调整好轮廓并固定。

07 将刘海区的部分头发向后发区右侧打卷。

08 将刘海区的头发用尖尾梳辅助调整出弧度。

09 调整好弧度后将头发向上扭转并固定。

10 固定之后将发尾打卷并固定。

11 在头顶右侧佩戴纱帽饰品，装饰造型。

12 在纱帽饰品后方佩戴纱质蝴蝶结，点缀造型。

04

造型难点解读

此款造型将后发区的头发扎马尾后再进行掏转，这起到了两个作用：一是收紧头发；二是改变了头发的造型角度，可以丰富造型的变化。

01 将刘海区的头发用三合一夹板烫出弯度。

02 将刘海区之外的头发在后发区位置扎马尾。

03 将扎好的马尾从上向下掏转。

04 掏转之后调整头发的松紧度。

05 将右侧刘海区的头发在后发区位置固定。

06 将左侧刘海区的头发在后发区位置固定。

07 将后发区位置的部分头发向上打卷并固定。

08 将后发区位置剩余的头发向上打卷并固定。

09 在后发区位置佩戴网纱。

10 将网纱进行细致的固定。

11 在头顶位置佩戴带有纱带的礼帽。

12 将礼帽上的纱带抓出花形并固定。

复古风潮新娘发型

05

造型难点解读

刘海区的打卷要隆起一定的高度，并且侧发区位置的打卷要与刘海区位置的打卷相互衔接，形成一个整体的造型结构。

01 将刘海区的头发向上提拉并倒梳。

02 将刘海区的头发表面梳理光滑干净。

03 将刘海区的头发用尖尾梳辅助向下扣卷。

04 将扣卷好的头发固定牢固。

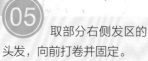

05 取部分右侧发区的头发，向前打卷并固定。

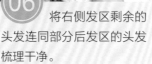

06 将右侧发区剩余的头发连同部分后发区的头发梳理干净。

07 将梳理好的头发向前打卷。

08 将打好的卷固定。

09 将剩余的头发收拢并梳理干净。

10 将梳理好的头发内扣打卷。

11 将打好的卷在后发区位置固定。

12 在额头左侧佩戴饰品，装饰造型。

06

造型难点解读

此款造型将刘海区位置的头发塑造成双层的手推波纹效果，第二层波纹弧度较小，同时可以起到修饰造型轮廓的作用。

01 将顶区和部分后发区的头发扎马尾。

02 将后发区剩余的头发在后发区右侧扎马尾。

03 将后发区马尾的头发打卷并固定。

04 从马尾中取一股头发,打卷并固定。

05 将剩余的头发打卷并固定。

06 用波纹夹将刘海区的头发向右侧固定。

07 用尖尾梳辅助将刘海区的头发向前推出弧度。

08 用波纹夹将推好的波纹弧度固定。

09

将刘海区的头发继续推出弧度并用波纹夹固定。

10

将剩余的发尾推出弧度并用波纹夹固定。

11

将刘海区剩余的头发用尖尾梳辅助推出弧度。

12

用波纹夹将推好的波纹弧度固定。

13

将头发继续向后发区方向推出弧度。

14

将剩余的发尾打卷并固定。

15

佩戴礼帽饰品，装饰造型。

16

在礼帽后方将网纱抓出层次，装饰造型。

复古风潮新娘发型

07

造型难点解读

后发区的造型结构要顺应刘海区的波纹弧度
和走向，两者相互结合会使造型结构之间的
衔接更加自然。

01 将左侧发区的头发向后扭转并固定。

02 将刘海区的头发用尖尾梳辅助推出弧度。

03 继续将刘海区的头发用尖尾梳辅助推出弧度。

04 将刘海区的头发的发尾打卷。

05 将打好的卷调整好轮廓并固定。

06 将顶区的头发用尖尾梳辅助向前推出弧度。

07 将剩余的发尾在后发区位置打卷并固定。

08 将后发区右侧的头发向前扭转。

09 固定之后将剩余的发尾向上打卷。

10 将后发区左侧的头发打卷。

11 将打好的卷固定，并对造型整体轮廓做调整。

12 佩戴纱帽饰品，装饰造型。

复古风潮新娘发型

08

造型难点解读

在打卷的时候要注意在正面观察造型，并通
过观察确定打卷的固定方位，最终使其形成
饱满的造型轮廓。

01 在头顶位置佩戴网纱，装饰造型。

02 在网纱基础上佩戴礼帽。

03 将左侧发区的头发向前打卷，将打好的卷调整角度并固定。

04 将左侧后发区的头发向下打卷。

05 继续从后发区左侧取头发，向下打卷。

06 用手指将刘海区的头发调整出弧度。

07 将刘海区的头发调整好弧度后固定。

08 将顶区位置的头发在右侧向下扣卷。

09 扣卷之后将剩余的发尾在后发区右侧向下打卷。

10 将后发区位置剩余的部分头发向下打卷。

11 将打好的卷在后发区位置固定。

12 将后发区位置剩余的头发打卷并固定。

复古风潮新娘发型

09

造型难点解读

为了使刘海区的头发更适应造型方位的需要，在头发表面用一些发卡固定，佩戴好饰品后，这些发卡便可被完全隐藏。这种方法在造型中的利用率很高。

01 将刘海区的头发处理伏贴并用发卡固定。

02 用手调整刘海区的头发的轮廓。

03 将刘海区的头发在右侧向上打卷。

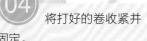

04 将打好的卷收紧并固定。

05 将左侧发区的头发在后发区位置固定。

06 将后发区右侧的头发向左侧扭转并固定。

07 将后发区下方的头发向上提拉，扭转并固定。

08 将后发区位置剩余的头发向上打卷。

09 将打好的卷固定。

10 在头顶右侧佩戴饰品，装饰造型。

复古风潮新娘发型

10

造型难点解读

在将头发在后发区位置向下扭转并向上提拉
之后，可以用尖尾梳的尖尾对其轮廓做适当
调整，使其更加饱满自然。

将刘海区的头发在左侧向上打卷。

将打好的卷固定。

在后发区位置将头发收理干净并固定。

在头顶右侧佩戴饰品。

将饰品上的纱带系好。

将纱带固定出层次感。

将后发区位置的头发收拢后向左下方扭转。

将剩余的发尾向左上方提拉并固定。

复古风潮新娘发型

11

造型难点解读

注意造型两侧打卷方向不同，这样操作的目的是使造型结构不单一，同时更适应饰品佩戴的需要。

01 将刘海区的头发进行临时固定。

02 将刘海区的头发向上进行翻卷。

03 将后发区左侧的头发向上打卷。

04 将打好的卷固定。

05 将右侧发区的头发向前打卷。

06 将打好的卷调整好轮廓并固定。

07 将后发区右侧的头发打卷。

08 将打好的卷固定。

09 将后发区位置剩余的头发向上提拉并打卷。

10 在顶区右侧佩戴礼帽，装饰造型。

11 在礼帽的基础上佩戴网纱，点缀造型。

12 将网纱适当抓出褶皱和层次。

复古风潮新娘发型

12

造型难点解读

此款造型将硬网纱与礼帽相互结合，注意硬
网纱的固定要松紧适度，不要系得过紧，并
且要根据造型轮廓的需要调整硬网纱塑造的
蝴蝶结形状。

将右侧发区的头发向上提拉并固定。

将刘海区的头发用尖尾梳辅助调整角度及层次。

将所有头发收拢在后发区左侧并打卷。

将打好的卷固定。

将发带在后发区下方固定。

将发带两端在头顶位置固定在一起。

在头顶右侧佩戴礼帽，装饰造型。

将硬网纱抓出蝴蝶结的形状，将抓好的形状固定。

复古风潮新娘发型

13

造型难点解读

此款造型重点偏向一侧，利用礼帽和纱质蝴
蝶结装饰另一侧，使造型整体感觉平衡。

01 将左侧发区的头发向上扭转并固定。

02 将后发区位置的头发扎马尾。

03 将马尾的头发向右侧固定。

04 将马尾的头发倒梳。

05 倒梳好之后将头发表面梳理得光滑干净。

06 将梳理好的头发打卷并在后发区位置固定。

07 将右侧发区的头发向后提拉并打卷，将打好的卷固定。

08 用尖尾梳将刘海区的头发梳理干净。

09 将梳理好的头发向下打卷，将打好的卷固定。

10 将剩余的头发盖过刘海区的头发的打卷并固定。

11 将固定之后剩余的头发向上提拉并打卷。

12 佩戴礼帽和纱质蝴蝶结饰品，装饰造型。

复古风潮新娘发型

14

造型难点解读

波纹夹的固定是临时的固定，起到了控制头
发方位、使其更利于造型的作用。

01 将后发区下方的头发向上打卷。

02 将打好的卷在右侧固定。

03 将两侧发区及后发区右侧的头发向右侧提拉并打卷。

04 将打好的卷在后发区右侧固定。

05 用波纹夹将刘海区的头发固定。

06 将固定好的头发向下扣卷。

07 将扣卷固定之后剩余的发尾打卷。

08 调整刘海区的造型轮廓。

09 调整造型整体的轮廓并将其固定牢固。

10 在头顶右侧佩戴饰品，装饰造型。

复古风潮新娘发型

15

造型难点解读

在将后发区的头发进行翻卷前下发卡固定，使后发区的头发顺着一个角度更好地向上翻卷，也使造型轮廓更饱满。

01 将左侧发区的头发向后发区位置扭转并固定。

02 继续将后发区左下方的头发扭转并固定。

03 在后发区下发卡，将头发固定。

04 将后发区的头发向上翻卷。

05 将翻卷好的头发在后发区位置固定。

06 将刘海区的头发以尖尾梳为轴向上翻卷。

07 将翻卷好的头发在后发区位置固定。

08 将剩余的发尾继续在后发区位置打卷并固定。

09 在头顶左侧佩戴饰品，装饰造型。

10 继续在头顶位置佩戴网纱。

11 将网纱抓出层次，装饰造型。

复古风潮新娘发型

16

造型难点解读

在后发区固定头发的时候注意将几个结构相互结合，使其形成饱满的轮廓，不要将头发收得过紧。

01 以尖尾梳为轴将左侧发区的头发向后扭转，在后发区位置固定。

02 将后发区右侧的头发向左侧扭转。

03 将扭转好的头发在后发区左侧固定。

04 将后发区剩余的头发向上扭转并固定。

05 将右侧发区的头发向后扭转并固定。

06 将剩余的发尾在后发区位置向上扭转。

07 将剩余的发尾在后发区位置打卷并固定。

08 将刘海区的头发向后固定。

09 将剩余的发尾向前打卷。

10 将打好的卷在额头右侧固定。

11 在头顶位置佩戴礼帽，装饰造型。

12 在后发区位置将网纱抓出蝴蝶结形状并固定。

时尚简约新娘发型

时尚简约风格新娘造型概述

　　时尚简约风格的新娘造型变化比较多样，但一般会遵循一个规律，就是没有过多的造型结构。结构简单并不等于造型简单，往往越简单的造型越需要细节精致、到位。较多的造型结构会分散我们对局部的注意力，从而更易于达到整体的协调；而简单的造型会让我们更加关注细节。时尚简约风格的新娘造型中，饰品起到的作用更大，这也需要我们对饰品的佩戴有比较好的把握能力。佩戴合适的饰品可提升造型的美感；反之，如果饰品佩戴不恰当，也会降低造型的美感，甚至会画蛇添足。

时尚简约风格新娘造型的基本表现形式

　　时尚简约风格的新娘造型的表现形式比较多样，简约的包发、层次感的纹理等都可以用来打造该种风格的新娘造型。需要注意的是，简约风格可以是整体的简约，如采用整体的包发形式，也可以是局部的简约，如特别打造某一处造型结构。在局部造型的打造中，最常见的是刘海区的局部造型。在打造时尚简约造型时，对造型手法没有特别的限制，打卷、抽丝、翻卷等手法都可以使用。关键不是运用哪些手法，而是最终呈现的造型是否符合要求。

时尚简约风格新娘造型的头饰选择

　　时尚简约风格的新娘造型的头饰多种多样，下面我们对几种比较常见的头饰做一下介绍。当然，还有更多种类的头饰可以运用到时尚简约风格的新娘造型中。

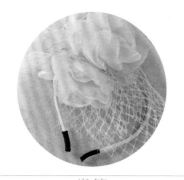
发箍

发箍的表现形式很多，可根据妆感和造型的需要选择适合的形式。例如，打造唯美时尚简约造型可以选择有绢花和纱的发箍，水钻的发箍则更适合打造时尚感更强的造型。

流苏饰品

流苏饰品的表现形式可以增添造型的灵动性，在发丝自然的造型中使用，会使造型的表现力更强。

钻饰

用钻饰来装饰时尚简约的新娘造型，可以在呼应主题的同时起到点缀和修饰发型缺陷的作用。

蕾丝饰品

蕾丝饰品质感柔和，表现形式也比较多样。例如，用蕾丝蝴蝶点缀造型，会让造型更加生动；蕾丝也可以作为发带对造型进行装饰。

羽毛饰品

羽毛饰品的质感柔和，适合用来打造带有浪漫气息的时尚简约风格的新娘造型。

时尚简约风格新娘造型的耳饰、项链选择

造型不同，所佩戴的耳饰和项链也不同。时尚简约风格的新娘造型变化较多，耳饰和项链的选择也多种多样。在选择耳饰和项链的时候可以注意以下几点：首先是在设计感上可以特别一些；其次是要么简单精致，只对造型进行呼应和点缀，要么奢华大气，使造型得到更好的烘托。

宝石耳饰

宝石耳饰的表现形式很多，可根据脸形选择合适的款式。一般情况下，头饰中如果有宝石材质，则可以选择宝石耳饰来进行搭配。

珍珠耳饰

珍珠耳饰或含有珍珠材质的耳饰比较适合与头纱搭配使用，共同装饰时尚简约风格的新娘造型。

时尚耳饰

时尚耳饰是指时装款式的耳饰，在搭配时尚简约风格的新娘造型时可酌情选择。搭配时要注意符合造型特点，不要过于夸张。

钻石耳饰

钻石耳饰的表现形式很多，可以根据新娘的脸形选择合适的款式。如果头饰是钻石质感的饰品，可以选择钻石耳饰来搭配。

花朵耳饰

时尚简约风格的新娘造型也可以唯美，花朵耳饰可以起到很好的点缀作用，但该种耳饰要与造型上的头饰协调。也可以没有头饰，这时耳饰刚好可以起到点缀作用。

宝石项链

设计感古朴内敛的宝石项链比较适合搭配时尚简约风格的新娘造型，可以在时尚中体现经典之美。

钻石项链

搭配时尚简约风格的新娘造型的钻石项链不管大小，在款式方面一般会选择比较简约的样式。

时尚简约新娘发型

01

造型难点解读

将后发区的头发分片打卷并固定的时候要注
意固定位置，要使卷与卷相互结合，从而形
成后发区饱满的轮廓。

01 在后发区位置横向下发卡，固定头发。

02 将后发区左侧的头发向后扭转，向上提拉并固定。

03 将头发继续向后发区右侧固定。

04 在后发区右侧取头发，向左侧扭转。

05 将扭转之后的头发向上打卷并固定。

06 从后发区位置取部分头发，向上提拉并打卷，在后发区位置固定。

07 继续从后发区位置取头发，向上打卷。

08 将打好的卷在后发区偏右侧固定。

09 将后发区剩余的头发向上打卷。

10 将打好的卷固定。

11 在后发区位置佩戴头纱，装饰造型。

12 继续在头顶佩戴饰品，装饰造型。

时尚简约新娘发型

02

造型难点解读

注意在造型时，刘海区及两侧发区的头发不要梳理得过于光滑，而是要保留一定的蓬松感，这样可以使其与饰品之间的结合更自然。

01 在头顶位置佩戴头箍饰品。

02 将左侧发区的头发向后扭转。

03 将扭转好的头发在后发区位置固定。

04 将右侧发区连同部分后发区的头发向后扭转。

05 将扭转好的头发在后发区位置固定。

06 从后发区左侧取部分头发，向上提拉并打卷。

07 将打好的卷在后发区位置固定。

08 继续从后发区下方取头发，向上提拉并打卷。

09 将打好的卷在后发区位置固定。

10 继续从后发区取头发，向上提拉，打卷并固定。

11 将后发区剩余的头发向上提拉，扭转并固定。

12 将头发收理干净，调整造型轮廓的饱满度。

时尚简约新娘发型

03

造型难点解读

此款造型主要通过饰品来打造轮廓，饰品的质感较为统一，羽毛饰品用来修饰额头，纱质蝴蝶结和硬网纱用来塑造造型轮廓。

01 用发蜡棒将刘海区的头发处理干净。

02 将左侧发区的头发向后扭转并固定。

03 将顶区的头发在后发区位置固定。

04 将右侧发区的头发向后扭转并固定。

05 将剩余的头发在后发区位置进行三股辫编发。

06 将编好的头发向上扭转并固定。

07 在刘海区位置佩戴羽毛饰品。

08 在头顶位置佩戴纱质蝴蝶结饰品。

09 将硬网纱中间位置在后发区下方固定。

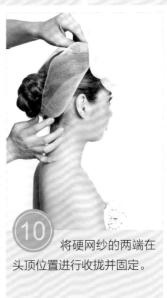

10 将硬网纱的两端在头顶位置进行收拢并固定。

时尚简约新娘发型

04

造型难点解读

顶区位置的发丝要具有一定的空间感和层次感，将头发抽丝后佩戴蝴蝶饰品，会使造型的空间感更强。

STEP BY STEP

01 将头发收拢在后发区位置，分成两股扭转。

02 将其中一股头发绕过另一股头发并固定。

03 将固定好的头发继续向上提拉并扭转。

04 将扭转好的头发在后发区右侧打卷并固定。

05 调整固定之后的头发的轮廓，并对细节位置进行固定。

06 将剩余的头发扭转并在后发区位置固定，调整后发区造型的轮廓。

07 在头顶位置佩戴饰品，装饰造型。

08 用预留的发丝适当对饰品进行修饰。

09 在头顶左侧佩戴蝴蝶饰品，装饰造型。

10 在后发区位置佩戴饰品，装饰造型。

11 继续在后发区位置佩戴饰品，装饰造型。

05

造型难点解读

注意烫卷发丝时，要在多个点取头发进行烫卷，这样可以使发丝的垂落呈现更好的层次感和灵动感。

01 在刘海区及两侧发区预留一些发丝,进行烫卷。

02 烫卷的时候要注意卷的角度,使其自然垂落。

03 在额头处佩戴饰品,装饰造型。

04 将左侧发区的头发向后扭转并固定。

05 将右侧发区的头发向后扭转并固定。

06 在后发区位置将头发固定牢固。

07 将后发区左侧的头发向右侧扭转。

08 将扭转好的头发在后发区右侧固定。

09 将后发区剩余的头发向左侧扭转并固定。

10 将剩余的发尾收拢并固定。

11 在额头的饰品两端佩戴流苏饰品,装饰造型。

12 在后发区位置佩戴饰品,装饰造型。

时尚简约新娘发型

06

造型难点解读

刘海区的头发通过扎马尾的方式收于一点并打卷，注意扎马尾的角度及方位，刘海区的基础要呈现饱满的感觉。

01 将刘海区的头发在头顶右侧扎马尾。

02 将剩余的头发在后发区位置扎马尾。

03 将刘海区马尾中的头发向下打卷。

04 调整打好的卷的轮廓并固定。

05 将后发区马尾中的头发向头顶位置固定。

06 将固定之后剩余的发尾向后打卷并固定。

07 佩戴饰品，装饰造型。

08 继续在头顶位置佩戴饰品，装饰造型。

时尚简约新娘发型

07

造型难点解读

此款造型呈现简约时尚的美感，注意后发区位置分片打卷的时候头发的提拉角度，斜向上的提拉角度有利于造型轮廓的塑造。

01 将左侧发区的头发在后发区位置扭转并固定。

02 将右侧发区的头发在后发区位置扭转并固定。

03 在后发区位置横向下发卡，将头发固定。

04 在头顶位置佩戴饰品，装饰造型。

05 在后发区位置分出一片头发，斜向上打卷。

06 继续在后发区位置分出一片头发，斜向上打卷。

07 将打好的卷固定。

08 继续从剩余的头发中分出一片，向上打卷。

09 继续从剩余的头发中分出一片，斜向上打卷。

10 继续将后发区位置剩余的头发向上打卷。

11 将打好的卷固定。

12 在后发区位置佩戴头纱，装饰造型。

时尚简约新娘发型

08

造型难点解读

将顶区及两侧发区的头发收拢、扭转并向上
推的目的是塑造顶区的轮廓饱满度。需要注
意的是头发的松紧度要一致，否则会出现凹
凸不平的感觉。

01 将刘海区的头发中分后用电卷棒向后烫卷。

02 将顶区的头发向上提拉并倒梳。

03 将侧发区的头发与顶区的头发结合,向上提拉并倒梳。

04 将顶区的头发和两侧发区的头发相互结合在后发区,扭转并向上固定。

05 固定的时候将两侧发区的头发适当收紧。

06 将后发区剩余的头发向上翻卷。

07 将翻卷好的头发在后发区固定。

08 在头顶位置佩戴饰品,装饰造型。

09 在后发区位置佩戴头纱,装饰造型。

10 继续在头顶的饰品后方佩戴头纱。

09

造型难点解读

蝴蝶结饰品修饰了造型的饱满度。刘海区的
头发的翻卷要具有一定的蓬松感，不要过于
光滑。

佩戴饰品，对额头位置进行修饰。

将右侧发区的头发向上翻卷并固定。

将刘海区的头发向上翻卷，将翻卷的头发调整好弧度并固定。

将后发区位置的头发向上提拉，扭转并固定。

固定之后将剩余的发尾在头顶位置打卷并固定。

将左侧发区的头发向上提拉并打卷。

将打好的卷在头顶固定。

在头顶左侧位置佩戴蝴蝶结饰品，装饰造型。

时尚简约新娘发型

10

造型难点解读

注意刘海区的头发塑造的造型结构的饱满度，可根据需要用尖尾梳辅助调整刘海区造型结构的轮廓和大小。

01 将刘海区的头发向上固定。

02 将刘海区固定后的头发向上提拉并打卷。

03 将打好的卷向前扣卷，对额头位置进行适当修饰并固定。

04 将右侧发区的头发向后提拉并扭转。

05 将扭转好的头发在后发区位置固定。

06 将左侧发区的头发向后提拉并扭转。

07 将剩余的头发在后发区位置收拢并扭转。

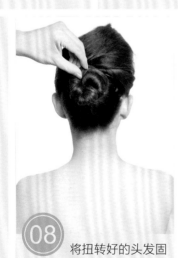

08 将扭转好的头发固定成发髻。

09 在头顶造型结构一侧佩戴饰品，装饰造型。

10 在造型结构另外一侧佩戴饰品，装饰造型。

时尚简约新娘发型

11

造型难点解读

此款造型简洁干净，看似简单，其实操作起来具有一定的难度。从左向右收拢头发的时候要注意发丝的走向和流畅度，这样才能使造型更加干净饱满。

将后发区下方的头发向上进行翻卷。

将翻卷好的头发收拢并固定。

将剩余的头发向上提拉并用尖尾梳倒梳。

将倒梳好的头发表面梳理得光滑干净。

用手辅助将头发在后发区底部从左向右扭转。

在后发区下方将头发收拢并扭转。

将收拢并扭转的头发在后发区下方固定，将发尾收起。

将顶发区的头发表面梳理得光滑干净。

12

造型难点解读

将刘海区的头发向下扣卷之后要进行固定，然后根据需要用手将造型轮廓拉出需要的弧度，再继续进行细致的固定。

01 将左侧发区的头发向后扭转并固定。

02 将右侧发区的头发向上提拉并扭转。

03 将头发扭转之后在头顶位置固定。

04 将顶区位置的头发向上翻卷并固定。

05 继续从后发区位置取头发，向上翻卷并固定。

06 将后发区位置剩余的头发向上提拉，将表面梳理得光滑干净。

07 梳理好之后将头发扭转并固定。

08 将刘海区的头发向下扣卷。

09 扣卷之后调整造型轮廓的弧度并固定。

10 在额头一侧佩戴蕾丝饰品，装饰造型。

11 在额头另外一侧佩戴蕾丝饰品，装饰造型。

12 在蕾丝饰品基础之上佩戴水钻饰品，装饰造型。

时尚简约新娘发型

13

造型难点解读

此款造型虽然结构看似简单，但是要将头发分层、分区倒梳后才能固定，这样可以使造型呈现饱满的效果并且更加牢固。

01 将顶区的头发进行三股辫编发。

02 将编好的头发向上扭转并固定，使其形成一个支撑点。

03 在支撑点的基础之上固定假发。

04 将假发调整出一定的弧度后继续固定。

05 将后发区位置的头发向上提拉并倒梳。

06 将倒梳好的头发向上提拉，扭转并固定。

07 将顶区的头发倒梳。

08 将头发的表面梳理得光滑干净。

09 将顶区的头发在后发区位置扭转并固定。

10 将刘海区及两侧发区的头发倒梳。

11 将头发表面梳理干净后，在后发区位置收拢并固定。

12 固定之后将剩余的发尾继续收拢并固定好。

时尚简约新娘发型

14

造型难点解读

此款造型的重点是体现刘海区的层次感，扭转和倒梳的操作方式更有利于头发层次的塑造及走向的控制。

01 将刘海区的头发有层次地收拢，向前推并固定。

02 将左侧发区的部分头发扭转并倒梳。

03 将倒梳好的头发调整出层次并固定。

04 继续将左侧发区的头发调整出层次并固定。

05 将右侧发区的头发向上提拉，扭转并倒梳。

06 将倒梳好的头发调整出层次并固定。

07 将后发区右侧的头发向左侧收拢并固定。

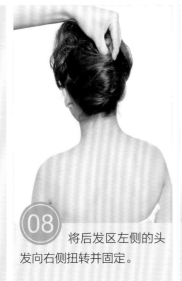

08 将后发区左侧的头发向右侧扭转并固定。

09 在头顶位置佩戴多层头纱。

10 在头纱基础之上佩戴饰品，装饰造型。

时尚简约新娘发型

15

造型难点解读

注意刘海区的头发的分区位置是在两侧鬓角
向上，这样分区的目的是使刘海区发量更多，
同时这个角度更有利于塑造刘海区造型轮廓
的饱满度。

01 将刘海区的头发向上提拉并倒梳。

02 将倒梳好的头发向下扣卷并固定，对其层次做出调整。

03 将右侧发区的头发向上提拉，扭转并固定。

04 将顶区位置的头发向上翻卷并固定。

05 将后发区位置的部分头发向上提拉，扭转并固定。

06 将后发区位置的剩余头发向上收拢，扭转并固定。

07 在左侧发区位置佩戴流苏饰品，装饰造型。

08 在右侧发区位置佩戴流苏饰品，装饰造型。在头顶位置佩戴饰品，装饰造型。